用爱心烧出一桌好菜，让家人感受爱的味道！

全家人爱吃的菜都在这里！

一书在手，下厨无忧！

精选爽口美味

下饭菜

1000 例

主 编 郏吉和

U0207597

江西科学技术出版社

图书在版编目（CIP）数据

精选爽口美味下饭菜1000例 / 邴吉和主编. -- 南昌:
江西科学技术出版社, 2014.1（2024.2重印）

ISBN 978-7-5390-4885-7

Ⅰ.①精… Ⅱ.①邴… Ⅲ.①菜谱
Ⅳ.①TS972.12

中国版本图书馆CIP数据核字(2013)第283173号

选题序号：ZK2013145

精选爽口美味下饭菜1000例

JINGXUAN SHUANGKOU MEIWEI XIAFANCAI 1000 LI

邴吉和　主编

出版发行	江西科学技术出版社
社　　址	南昌市蓼洲街2号附1号
	邮编：330009　　电话：（0791）86623491　86639342（传真）
印　　刷	三河市嘉科万达彩色印刷有限公司
经　　销	各地新华书店
开　　本	787mm×1092mm　1/16
字　　数	210千字
印　　张	12
版　　次	2014年1月第1版　　2024年2月第3次印刷
书　　号	ISBN 978-7-5390-4885-7
定　　价	49.00元

赣版权登字号：-03-2013-180

目录
CONTENTS

Part 1
开胃凉菜，让人食欲大振

《美味爽口素凉菜》

白菜土豆卷 10
凉拌白菜 10
脆口白菜 10
酸甜白菜卷 10
怪味白菜帮 11
芥末拌生菜 11
姜汁拌菠菜 11
芥末拌菠菜 11
春日合菜 12
双酱芹菜 12
咸芹菜两样 12
咸桂花芹菜叶 12
干贝拌西蓝花 13
海带拌菜花 13
辣炝菜花 13
辣椒油拌双花 13
杭椒西蓝花 14
腌西蓝花 14
橙汁山药 14
蜜汁山药墩 14
山药沙拉 15
爽口萝卜丝 15
海米拌萝卜丝 15
戗萝卜条 15
京糕莲藕 16
辣油藕片 16
酸辣藕丁 16

麻醋藕片 16
麻辣莴笋尖 17
凉拌莴笋干 17
凉拌莴笋叶 17
怪味苦瓜 17
多味黄瓜 18
蒜泥浇茄子 18
咸茄子 18
巧拌三样 18
红油芦荟 19
酱渍蒜薹 19
椒芽木耳菜 19
凉拌香菜 19
麻酱拌凤尾 20
炝拌柿子椒 20
生拌辣椒丝 20
蒜拌空心菜 20
鲜辣芥菜 21
虾酱韭菜 21
咸甜木瓜两味 21
腌韭菜花 21
蒸拌面条菜 22
花生仁拌芹菜 22
椒盐花生米 22
豆瓣姜片 22
豆角泡菜 23

剁椒腐竹 23
姜汁扁豆 23
椒条荷兰豆 23
腊八豆红油豆腐丁 24
麻辣蒜泥拌豆角 24
日式黑豆沙拉 24
银耳拌豆芽 24
糟卤蚕豆粒 25
红酒煮梨 25
雪花梨片 25
拌凉粉 25

《色香味全肉凉菜》

腐皮卷白肉 26
干香肉片 26
水晶肴肉 26
黄酱肉皮 26
凉拌肉皮丝 27
白切猪肚 27
拌皮肚 27
剁椒肚片 27
干豇豆拌肚丝 28
金针豆皮拌腰丝 28
椒麻腰花 28
炝猪肝 28
凉拌猪心 29

大葱拌香耳 29
红油猪耳 29
猪耳拌黄瓜 29
红油拌猪舌 30
家常酱猪蹄 30
果仁拌牛肉 30
湘卤手撕牛肉 30
夫妻肺片 31
川酱牛肉 31
杭椒拌牛肉 31
麻辣拌肚丝 31
川酱卤牛腱 32
陈皮牛肉 32
卤蹄筋 32
腰果牛蹄筋 32
红油肚丝 33
豆豉拌兔丁 33
巴国钵钵兔 33
巧拌手撕兔 33
红油明笋鸡 34
椒麻鸡块 34
芥末鸡丝 34
凉粉三黄鸡 34
湘水三黄鸡 35
折耳根鸡条 35
凉拌鸡 35
红油鸡丝 35
棒棒鸡丝 36
凉拌鸡肝 36
盐水煮鸡胗 36
山椒鸡胗 36
白油鸡爪 37
南京盐水鸭 37
姜汁鸭掌 37
山椒泡鸭掌 37
凉拌鸭舌 38
芋丝拌鸭肠 38
葱酥带鱼 38
凉粉拌鳝丝 38
五香鱼块 39

鱿鱼丝拌韭菜薹 39
鱼香螺片 39
渔夫熏鱼 39
水晶虾冻 40
糟卤河虾 40
瓜香扇贝 40
蚝油扇贝 40
芥末扇贝 41
巧拌鲜贝 41
腊肉拌蛏子王 41
蒜拌海肠 41
老醋蜇头 42
凉拌海蜇皮 42
芹菜拌海蜇皮 42
糖醋蜇皮 42

苦瓜蒸肉丸 49
青豆粉蒸肉 50
白菊肉片 50
肉蒸白菜卷 50
山东蒸丸子 51
软炸里脊 51
美味肉串 51
干炒五花肉 52
九味焦酥肉块 52
油豆腐烧肉 52
毛氏红烧肉 53
野山笋烧花肉 53
葱焖五花肉 53
粉蒸肥肠 54
圆笼粉蒸肥肠 54
肥肠豆花 54

Part 2
美味热菜，吃了还想吃

《猪肉》

青椒小炒肉 44
鱼香小滑肉 44
合川肉片 44
鱼香肉丝 45
樱桃肉 45
板栗鲜笋肉 45
烧双圆 46
烧狮子头 46
船家烧肉钵子 46
红烧丸子 47
花椒肉 47
湘西酸肉 47
脆炸肉丸 48
竹篱飘香肉 48
虾酱肉末芸豆 48
改良牙签肉 49
脆皮纸包肉 49

《牛肉》

小炒黄牛肉 55
菠萝牛肉 55
麻辣牛肉干 55
仔姜炒牛肉 56
煎豆腐烧牛腩 56
金针银丝肥牛 56
土豆烧牛肉 57
清蒸牛肉片 57
原笼牛肉 57
榨菜蒸牛肉 58
辣蒸萝卜牛肉丝 58
水煮牛肉 58
果汁牛柳 59

糯米蒸牛肉 59
农家大片牛肉 59
竹笋烧牛脯 60
白辣椒炒脆牛肚 60
茶树菇炒牛肚 60
油面筋炒牛肚 61
豆豉牛肚 61
红烧牛尾 61
《羊肉》
川香羊排 62
红焖羊排 62
粉皮羊肉 62
粉蒸羊肉 63
烧羊蹄 63
玫瑰花烤羊心 63
《兔肉》
干锅兔 64
冬笋烧兔肉 64
葱椒烧兔肉 64
《鸡肉》
炸熘仔鸡 65
芋头烧仔鸡 65
浏阳河鸡 65
黄焖鸡块 66
炸八块 66
珍珠酥皮鸡 66
剁辣椒蒸鸡 67
豆豉辣椒蒸鸡 67
红火蒸鸡 67
豆仔蒸滑鸡 68
鲜蘑蒸土鸡 68
红蒸酥鸡 68
鲜花椒蒸鸡 69
瓜盅粉蒸鸡 69
干锅酥鸡 69
辣子鸡 70
栗子炒鸡 70
萝卜炒鸡丁 70
风沙脆鸡丁 71
干茄子焖鸡片 71

腊肉蒸鸡块 71
粉蒸嫩鸡 72
红枣香菇蒸鸡肉 72
双耳蒸花椒鸡 72
美人椒蒸鸡 73
蒜黄炒鸡丝 73
西蓝花炒鸡丁 73
针菇鸡丝 74
凤脯炒年糕 74
剁椒炒鸡丁 74
银芽鸡丝榨菜 75
辣椒炒鸡丁 75
拔丝鸡盒 75
糖醋鸡圆 76
翡翠糊辣鸡条 76
脆皮鸡片 76
南瓜蒸鸡蓉 77
辣子鸡翅 77
酸甜棒棒鸡 77
豉香鸡翅中 78
鸡翅蒸南瓜 78
冬菇蒸鸡翅 78
剁椒黑木耳蒸鸡 79
粉蒸翅中 79
鱼香脆鸡排 79
酸辣鸡腿丁 80
蘑菇片蒸鸡腿 80
糊辣鸡胗 80
鸡胗焖三珍 81
豉椒蒸凤爪 81
猪血烧鸡杂 81

《鸭肉》
一品血鸭 82
五香鸭 82
洋葱焖麻鸭 82
香酒洋葱焖鸭 83
萝卜焖鸭块 83
砂锅鸭 83
芝麻鸭 84
樟茶鸭 84
湘西脆皮麻鸭 84
啤酒蒸仔鸭 85
山椒炒鸭肠 85
四季豆鸭肚 85
剁椒蒸鸭血 86
麻辣鸭下巴 86
麻香鸭舌 86
《鹅肉、鹌鹑、乳鸽》
酱爆鹅脯 87
红烧鹌鹑 87
麻辣鹌鹑 87
干炸鹌鹑 88
脆皮乳鸽 88
辣炒乳鸽 88

《蛋类》
芙蓉番茄 89
茭白鸡蛋 89
姜丝炒蛋 89
腊八豆炒荷包蛋 90
辣味香蛋 90
黄瓜炒蛋 90

青椒炒蛋 91
银鱼炒蛋 91
丝瓜炒鸡蛋 91
特色黄金蛋 92
鱼香炒蛋 92
鱼香荷包蛋 92
红白双珠熘玉笋 93
酸辣金钱蛋 93
白果双蛋 93
苦瓜煎蛋 94
油菜鸡蛋饼 94
嫩香鱼蛋饼 94
槐花鸡蛋饼 95
西班牙蛋卷 95
豉汁虾米蒸蛋 95
豆腐蒸蛋 96
粉蒸韭菜包鸡蛋 96
蛤蜊肉蒸水蛋 96
锦绣蒸蛋 97
红枣枸杞蒸蛋 97
榄菜蒸水蛋 97
首乌蒸蛋 98
银鱼蒸蛋 98
鱼香蒸蛋 98

《蔬菜》

白菜炒木耳 99
酸辣白菜 99
蛋黄白菜卷 99
油浸大白菜 100
清炒荠菜 100
葱油芥蓝 100
鱼香油菜 101
素油菜心 101
腐乳炒空心菜 101
蒸双素 102
五香芹菜豆 102
白果炒西芹 102
粉蒸芹菜叶 103
泡椒炒蕨菜 103
腰豆西蓝花 103

番茄菜花 104
素炒双花 104
素炒菜花 104
面粉蒸菜 105
辣炒萝卜干 105
炒酸萝卜缨 105
脆熘番茄 106
玉米笋炒山药 106
彩椒山药 106
香炸山药团 107
辣白菜炒土豆 107
软炸土豆条 107
麻辣土豆条 108
香椿煸土豆 108
豉香土豆 108
酱焖土豆 109
培根土豆饼 109
德式煎土豆片 109
剁椒蒸土豆 110
玉米面蒸地瓜叶 110
芋头烧扁豆 110
粉蒸芋头 111
咸酥藕片 111
糖醋藕排 111
油焖茭白 112
白果炒百合 112
扒鲜芦笋 112
油焖莴笋尖 113
油泼双丝 113
豉香春笋丝 113
蛋炒竹笋丁 114
外婆煎春笋 114
干烧冬笋 114
素烧三圆 115
干煸青椒苦瓜 115
雪菜炒苦瓜 115
扒苦瓜 116
辣味丝瓜 116
毛豆仁烧丝瓜 116
蒜末蒸丝瓜 117

湘味蒸丝瓜 117
蛋黄炒茄排 117
豆角炒茄子 118
炸熘茄子 118
东北地三鲜 118
清蒸茄子 119
咸蛋黄烧茄子 119
豆豉茄子烧豆角 119
鱼香茄子 120
慢焖茄豆 120
肉酱土豆焖茄子 120
香煎茄片 121
剁椒粉丝蒸茄子 121
冬瓜双豆 121
什锦炒冬瓜 122
野山椒蒸冬瓜 122
干烧雪菜南瓜 122
粉蒸四季豆 123
干煸四季豆 123
金钩四季豆 123
腐竹烧扁豆 124
扁豆蒸油渣 124
百合炒蚕豆 124
麻辣蚕豆 125
荸荠兰豆 125
三彩素菜 125
家常红薯粉 126
鱼香长豆角 126
豆芽炒腐皮 126
素炒黄豆芽 127
辣炒葫芦瓜 127

清炒甜豆 127
田园小炒 128
五宝鲜蔬 128
蒜薹炒山药 128

《菌豆》

红烧平菇 129
红烧家乡菇 129
平菇焖茭白 129
平菇素火腿 130
香酥鲜菇 130
番茄炒香菇 130

香菇炒蕨菜 131
香菇山药 131
酱烧香菇 131
双菇烧鹌鹑蛋 132
烧芝麻香菇 132
香菇冬笋 132
香菇油面筋 133
糖醋香菇盅 133
小土豆焖小香菇 133
双鲜烩 134
粉蒸香菇 134
彩椒蒸金钱菇 134
蘑菇豌豆 135
蘑菇烧芋丸 135
波萝腰果炒草菇 135
草菇毛豆炒冬瓜 136
草菇菜心煲 136
草菇烧丝瓜 136

干香茶树菇 137
云南小瓜炒茶树菇 137
茶树菇烧豆笋 137
油炸茶树菇 138
蚝汁扒群菇 138
吉祥猴菇 138
五彩猴头菇 139
酱爆花菇 139
黄焖花菇 139
口蘑炒面筋 140
口蘑烧冬瓜 140
木耳炒豆皮 140
木耳炒黄瓜 141
酱烧腐竹木耳 141
木耳红枣枸杞蒸豆腐 141
甜辣木耳 142
双耳蒸蛋皮 142
素炒杂菌 142
回锅野山菌 143
小炒珍珠菇 143
辣味鸡腿菇 143
腊味松茸 144
香辣滑子菇 144
泰式焖杂菌 144
开胃寒菌 145
干锅牛肝菌 145
蜜汁杏鲍菇 145
炒麻豆腐 146
翡翠豆腐 146
什锦豆腐丁 146

珊瑚豆腐 147
桂花豆腐 147
菠萝豆腐 147
老干妈韭菜炒香干 148
辣子香干 148
韭菜辣炒五香干 148
糖醋豆腐干 149
番茄豆腐干 149
红油香干煲 149
秘制豆干 150
西红柿烧豆腐 150
剁椒蒸香干 150
毛豆蒸香干 151
火腿千张丝 151
小炒豆腐皮 151
井冈山油豆皮 152
香焖腐竹 152
腰果玉米 152

Part 3
鲜香水产，再来一碗

《鱼类》

家常烧鲤鱼 154
蒜瓣豆腐鱼 154
白炒鱼片 154
红烧肚档 155
腐竹焖草鱼 155
炸鱼棒 155
鱼片蒸豆腐 156
山椒鲫鱼 156
泡椒烧鲫鱼 156
剁椒鱼头 157
豆瓣酱烧鲇鱼 157
蒜焖鲇鱼 157
雨花干锅鱼 158

蛋松鲈鱼块 158
榨菜蒸鲈鱼 158
鳜鱼丝油菜 159
熘双色鱼丝 159
青椒鱼丝 159
五柳开片青鱼 160
鱼香瓦块鱼 160
熘炒鱼块 160
香脆银鱼 161
蒜子烧甲鱼 161
青椒焖甲鱼 161
火腿鳝段 162
爆炒鳝鱼丝 162
椿芽鳝鱼丝 162
杭椒鳝片 163
素烧鳝鱼 163
无锡脆鳝 163
羊肝焖鳝鱼 164
咸肉爆鳝片 164
金蒜烧鳝段 164
榨菜蒸白鳝 165
泡椒鳝段 165
粉蒸泥鳅 165
红烧带鱼 166
五香烧带鱼 166
煎蒸带鱼 166
腊味蒸带鱼 167
侉炖黄鱼 167
糖醋黄花鱼 167
家常黄花鱼 168
软煎鲅鱼 168
干烧鲳鱼 168
黄豆酥蒸鳕鱼 169
冬菜蒸鳕鱼 169
葱烧鳗鱼 169
辣炒河鳗 170
川江红锅黄辣丁 170
干锅黄辣丁 170
清蒸加吉鱼 171

酸辣回锅三文鱼 171
蒜瓣泡椒烧鲫鱼 171
葱烧鲨鱼皮 172
蒜仔烧鲨鱼皮 172
苦瓜鱼丝 172
小炒火焙鱼 173
白辣椒蒸火焙鱼 173
椒盐鱼米 173
辣子鱼块 174
泡菜烧鱼块 174
香菇鱼块 174
椒香鱼 175
青豆焖鱼鳔 175
泡椒辣鱼丁 175
泼辣鱼糕 176
咸鱼蒸白菜 176
干锅鱼杂 176
酸辣笔筒鱿鱼 177
笋干鱿鱼肉丝 177
鱿鱼肉丝 177
干鱿炒烟笋 178
腐皮干鱿 178
酸辣鱿鱼片 178
油淋鲜鱿 179
酥炸鲜鱿球 179
豉椒鲜鱿鱼 179
椒麻鱿鱼花 180
椒盐鱿鱼圈 180
清蒸鱿鱼豆腐 180
姜汁墨斗鱼 181
雪菜墨鱼丝 181
木耳西芹花枝片 181
洋葱烧墨鱼条 182
果味鱼卷 182
爆炒花枝片 182
《虾类》
香辣大虾 183
剁椒虾仁炒蛋 183
淮扬小炒 183

金沙基围虾 184
清炒虾仁 184
雪菜毛豆炒虾仁 184
《蟹类》
香辣蟹 185
茄子焖蟹 185
肉蟹蒸蛋 185
糯米蒸闸蟹 186
豆腐蒸蟹 186
辣炒螃蟹 186
《贝类》
苦瓜焖蛤蜊 187
粉丝蒸青蛤 187
蛏子蒸丝瓜 187
剁椒蒸带子 188
葱油海螺 188
荷兰豆爆螺片 188
《海参》
响铃海参 189
烧肉海参 189
砂锅烧海参 189
酸辣海参 190
双耳焖海参 190
红焖海参 190
肉酱煨海参 191
雪莲子海参 191
肉末活海参 191
《蛙类》
鸡腿菇烧牛蛙 192
家常牛蛙 192
水煮牛蛙 192

Part **1**

开胃凉菜，
让人食欲大振

凉菜，在饮食业俗称冷盘。它是具有独特风格，开胃爽口的菜肴，食用时都是吃凉的。凉菜仅通过简单的调味及腌渍过程就可以让人们食欲大增，而食物所含的营养成分及自然原味还能被近乎完整地保存下来。凉菜的食材多选用蔬菜、菌类，符合现代人要求油脂少、天然养分多的健康理念，不论男女老幼，都适合食用。

白菜土豆卷　素

原料 土豆、香菇、胡萝卜、白菜叶、番茄、腰果各100克

调料 蒜末、葱末、香菜末、盐各适量

做法

1. 土豆洗净，上笼蒸熟，趁热碾碎。胡萝卜洗净，切丁。香菇洗净，切碎，拌到土豆泥中调匀。

2. 白菜叶用沸水烫软，用冷水冲凉洗净，每片包入土豆泥，卷成筒状入盘，上笼蒸熟，取出装盘。

3. 番茄做成酱，把番茄沙拉酱、腰果、蒜末、葱末、盐拌匀，淋在白菜卷上，撒上香菜末即可。

凉拌白菜　素

原料 大白菜叶200克，胡萝卜、水发木耳各100克

调料 盐、白糖、醋、生抽、香油各适量

做法

1. 大白菜叶洗净，切成细丝，放入盘中。胡萝卜、水发木耳分别洗净，切成细丝，用沸水焯一下，放入盛白菜丝的盘中。

2. 取一个碗，把盐、白糖、醋、生抽、香油调成汁，淋在白菜丝上拌匀即可。

脆口白菜　素

原料 大白菜帮200克

调料 花椒粒、干辣椒段、精炼油、芥末油、盐各适量

做法

1. 选择肉质厚的大白菜帮，洗净斜刀切片，用盐腌渍一会儿。

2. 锅置火上，放油烧至六成热时，下干辣椒段、花椒粒炒至成泡油，倒入碗中。

3. 将白菜放入盆内，加盐、泡油、芥末油拌匀，装盘即可。

酸甜白菜卷　素

原料 白菜叶300克，圣女果100克，红椒丝30克

调料 香油、醋、白糖、盐各适量

做法

1. 白菜叶洗净，放沸水中加盐烫一下，捞出控水。圣女果洗净，打上十字花刀，用沸水烫一下。

2. 用白菜叶分别将圣女果卷成白菜卷，摆放盘中。

3. 锅中加醋、白糖、香油、红椒丝调成酸甜汁，浇在白菜卷上即可。

怪味白菜帮 素

原料 白菜帮300克

调料 蒜末、辣椒面、五香粉、醋、盐各适量

做法

1. 白菜帮洗净，切成长条，用刀划上斜纹。

2. 将白菜帮加入盐腌24小时，取出倒掉废水，加入辣椒面、醋、蒜末、五香粉拌匀，按层次装入坛内腌渍7天后即可食用。

芥末拌生菜 素

原料 生菜200克，红杭椒圈30克

调料 熟白芝麻、芥末粉、醋、白糖、盐各适量

做法

1. 生菜洗净，用刀切成长段，入沸水锅中，烫一下，捞出控水。

2. 芥末粉放在小碗内，用适量沸水浸泡，再把醋、白糖、盐、红杭椒圈倒入小碗内，调成芥末汁。

3. 生菜放入盘中，将芥末汁浇在上面，撒上熟白芝麻，即可食用。

姜汁拌菠菜 素

原料 菠菜300克，鲜姜50克

调料 香油、酱油、醋、盐各适量

做法

1. 菠菜择洗净，切成长段。把水烧开（一定要等水开后，菠菜才能下锅，若水不开菠菜就下锅，菠菜颜色容易变黄），将菠菜下锅，待菠菜煮熟，捞在盘中，控净水分，晾凉。

2. 姜削皮，洗净，剁细末，加入适量醋、酱油、香油、盐调匀，浇在菠菜上，拌匀即可。

芥末拌菠菜 素

原料 菠菜300克

调料 芥末油、香油、盐各适量

做法

1. 菠菜择洗净，切长段，放入沸水锅内焯熟捞出，入凉水过凉，沥干水。

2. 将菠菜加入适量盐、芥末油、香油，拌匀装盘即可。

春日合菜 素

原料 豆芽200克，干粉丝5克，菠菜100克，鸡蛋3个

调料 葱段、花椒、香油、植物油、盐各适量

做法

1. 豆芽洗净。菠菜洗净，切段，分别将豆芽、菠菜用沸水烫熟。干粉丝用沸水泡软，切段。

2. 鸡蛋磕入碗中，加盐，搅匀，下油锅煎熟。

3. 油锅烧热，下花椒炸出香味，捞出，花椒油备用。将豆芽、菠菜、鸡蛋、粉丝、葱段装入一个大碗内，调入盐、花椒油，点几滴香油即可。

双酱芹菜 素

原料 芹菜300克

调料 甜面酱、酱油、盐各适量

做法

1. 芹菜去叶、根，洗净，切长段焯水，再放入冷水中浸凉，捞出沥干。

2. 取一个坛子，逐层放入芹菜段，撒上盐，每天翻动1次，腌4~5天。

3. 取出咸芹菜段，扎成捆，装入布袋，放入另一个坛子中，加入甜面酱和酱油，每天翻动一次，腌20天左右，取出沥干，装入盘中即可。

咸芹菜两样 素

原料 芹菜200克，黄豆300克

调料 葱段、姜片、八角、花椒粒、盐各适量

做法

1. 芹菜去叶、根，洗净，切成芹菜丁，放入沸水锅内焯一下，捞出沥干，放盆内。

2. 将黄豆浸泡24小时，入沸水中煮熟。

3. 锅放火上，添适量水，放入黄豆、葱段、八角、姜片、花椒粒煮熟，捞出八角、花椒粒，放入芹菜丁，再加盐拌匀即可。

咸桂花芹菜叶 素

原料 芹菜叶300克，桂花50克

调料 花椒粒、白糖、盐各适量

做法

1. 芹菜叶洗净，放入沸水中，加少许盐，焯一下捞出沥干。

2. 芹菜叶放入盘中，加盐腌渍入味。

3. 芹菜叶拿出去晒，待晒去20%水分，装入刷净的坛内，加入白糖、花椒粒、桂花拌匀，7天后即可食用。

干贝拌西蓝花

原料 西蓝花250克，干贝5克

调料 植物油、姜片、葱段、料酒、盐各适量

做法

1. 西蓝花洗净，切方朵状。锅入水烧沸，放入西蓝花焯熟捞起，入冷水漂凉备用。

2. 干贝浸泡并清洗净，放盆中，加姜片、葱段、料酒、少量清水，入笼蒸制2小时，使干贝完全吸水涨发后，取出晾凉，切丝。

3. 将西蓝花加盐拌匀，再加油拌匀，最后撒干贝丝，充分拌匀后装盘即可。

海带拌菜花

原料 海带、菜花各200克

调料 盐、花椒油、料酒、香葱碎各适量

做法

1. 海带洗净，切菱形块，放入沸水锅中，加盐、料酒煮熟捞出，过凉水，沥干。

2. 菜花洗净撕小朵，放入沸水锅中烫熟，捞出冲凉，控干水分。

3. 将菜花和海带放盛器中，用盐调味，淋花椒油，撒上香葱碎，拌匀装盘即可。

辣炝菜花

原料 菜花400克，红杭椒段20克

调料 葱段、花椒粒、花生油、盐各适量

做法

1. 菜花掰小朵，洗净，放沸水锅中焯水，捞出过凉水，控干水分，放入盛器中。

2. 红杭椒段、葱段一同放在菜花上。

3. 锅中烧热油，放入花椒粒炸出香味，连油待花椒粒浇在菜花上，盖上盖焖一下。最后用盐调味，翻拌均匀装盘即可。

辣椒油拌双花

原料 菜花200克，西蓝花150克

调料 蒜末、醋、辣椒油、盐各适量

做法

1. 菜花掰成小块，洗净，下入沸水锅中焯熟，放入凉水中过凉，捞出沥水，放入盘中。

2. 将西蓝花掰成小块，洗净，下入沸水锅中焯熟，放入凉水中过凉，捞出沥水，放入菜花盘中。

3. 将蒜末、盐、醋倒入碗内调成汁，浇在双花上，将辣椒油烧热，淋在双花上，拌匀即可。

杭椒西蓝花 素

原料 西蓝花400克，红杭椒30克

调料 蒜末、植物油、花椒油、盐各适量

做法

1. 西蓝花撕小朵洗净，放入沸水锅中焯水，捞出过凉水，控干水分。

2. 红杭椒洗净，切成粒，和蒜末一起放入小碗中，锅中烧热油，浇入小碗中，烹出香味。

3. 西蓝花放入盛器中，加盐调味，并将杭椒粒和蒜末连油一起倒入西蓝花中，淋花椒油拌匀即可。

腌西蓝花 素

原料 西蓝花400克，芹菜100克

调料 姜片、蒜片、白糖、盐各适量

做法

1. 西蓝花撕小朵，用盐水浸泡一下，捞出后洗净。芹菜择洗净，切段。

2. 西蓝花和芹菜分别放沸水锅中，烫一下捞出，过凉水控干水分。

3. 西蓝花和芹菜段放盛器中，加盐、白糖、姜片、蒜片调味拌匀，腌渍20分钟即可。

橙汁山药 素

原料 山药200克，圣女果100克

调料 蜂蜜、橙汁、白糖各适量

做法

1. 圣女果洗净，切成方块，铺在盘底。

2. 山药去皮洗净，切片状，放入沸水中焯熟，用橙汁、白糖泡至入味，摆放到圣女果上面。

3. 食用时浇上适量蜂蜜即可。

蜜汁山药墩 素

原料 山药750克

调料 蓝莓酱、蜂蜜、植物油、白糖各适量

做法

1. 山药去皮、洗净，切成长条，修成圆柱体，用沸水焯烫，捞出。

2. 油入锅烧热，放适量白糖，炒至呈金红色，加水、蜂蜜、白糖，倒入焯烫好的山药墩，用慢火烧至糖浆稠浓，待山药熟透，用筷子夹起山药，码入盘内。

3. 剩余的糖汁再热一下，浇在山药墩上，点缀蓝莓酱即可。

山药沙拉 素

原料 山药、毛豆、新鲜玉米粒、茼蒿、野苋菜各50克，葵花子10克

调料 菠萝醋、盐各适量

做法

1. 山药洗净，切成长条。毛豆去皮，用淡盐水烫熟。新鲜玉米粒洗净，煮熟。茼蒿洗净，切成小段。野苋菜洗净，切成小段。

2. 将所有原料（除葵花子）放入一个容器内拌匀。将菠萝醋、葵花子、盐混合拌匀，当做蔬菜的蘸酱使用。

爽口萝卜丝 素

原料 红心萝卜200克，芝麻5克

调料 香油、辣椒油、醋、盐各适量

做法

1. 选嫩红心萝卜，去皮洗净后切成细丝，用盐微腌一会儿，备用。

2. 将萝卜丝放入盆内，加香油、醋拌均匀，淋上辣椒油，撒上芝麻，装盘即可。

海米拌萝卜丝 素

原料 青萝卜300克，海米20克

调料 盐、花椒油各适量

做法

1. 青萝卜洗净，切丝，放入沸水锅焯水，捞出冲凉，控干水分。海米用温水泡发一会儿，捞出攥干水分。

2. 将萝卜丝和海米放入盛器中，用盐调味，淋花椒油拌匀，装盘即可。

咸萝卜条 素

原料 红心萝卜300克

调料 盐适量

做法

1. 红心萝卜去根、去缨洗净，切条，晾干。

2. 取坛子洗净，一层萝卜一层盐装入坛内，每天翻动1次，7天后取出，晒至六成干。

3. 将盐水放入锅内烧沸，待凉后把晒好的萝卜条放入盐水中，腌7天即可。

京糕莲藕

原料 嫩莲藕350克，山楂糕125克

调料 姜末、醋、白糖、盐各适量

做法

1. 莲藕洗净，削去外皮，切成方丁。山楂糕切成方丁。

2. 锅入水加盐烧开，下入莲藕丁焯熟，捞出沥干，再放入冷水中浸泡2分钟，晾凉沥干。

3. 将莲藕丁放入大瓷碗中，加入醋、白糖、姜末拌匀，腌渍约5分钟入味，再加入山楂糕，下醋、盐、白糖拌匀装盘即可。

辣油藕片

原料 莲藕500克

调料 香油、辣椒油、白糖、盐各适量

做法

1. 藕洗净，削去皮，切片。

2. 将藕片放入沸水锅内焯一下，用冷水过凉，沥干水分，放入盘内。

3. 加入辣椒油、香油、盐、白糖，拌匀即可。

酸辣藕丁

原料 莲藕400克，青椒100克，香菇100克

调料 红杭椒碎、香油、醋、盐各适量

做法

1. 莲藕洗净，切成小丁，放入沸水中焯熟，捞出，沥水。香菇用水泡后，洗净，切碎，入沸水中焯熟。青椒洗净切成圈备用。

2. 油锅烧热，放入红杭椒碎、青椒炒香，倒入莲藕丁、香菇碎中，调入盐、醋、香油调味拌匀，装盘即可。

麻醋藕片

原料 莲藕2节

调料 白芝麻8克，白醋半碗，果糖6克，盐适量

做法

1. 莲藕削皮、洗净、切薄片，浸于薄盐水中。

2. 将藕片放入沸水中焯烫，并滴进几滴醋同煮，烫熟后捞起，用冷水冲凉，沥干。

3. 加醋、果糖拌匀，撒上白芝麻即成。

麻辣莴笋尖

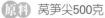

原料 莴笋尖500克

调料 蒜泥、花椒粉、芝麻酱、辣椒油、酱油、白糖、盐各适量

做法

1. 莴笋去掉外层老皮洗净，切段，用盐腌渍约1小时，用清水洗净，装入碗内，调入白糖和盐拌匀，挤干水分，除掉涩味。

2. 将笋尖装入碗内，用辣椒油拌匀，依次放入酱油、花椒粉、白糖、蒜泥、芝麻酱，拌匀即可食用。

凉拌莴笋干

原料 莴笋干100克

调料 红辣椒末、香油、生抽、盐各适量

做法

1. 莴笋干用凉水浸泡30分钟，洗净挤干水分备用。

2. 锅内加水，烧开，莴笋干焯断生，捞出沥干，备用。

3. 将莴笋干放入碗中，加入生抽、香油、红辣椒末、盐拌匀即可食用。

凉拌莴笋叶

原料 莴笋叶300克

调料 香油、生抽、醋、蒜末、盐各适量

做法

1. 莴笋叶洗净。

2. 锅内加水，再放几滴香油，烧沸，将莴笋叶入锅，迅速焯一下，捞出，再迅速过凉水，捞出，沥干，切段装盘。

3. 将莴笋叶拌入蒜末，调入盐、生抽、醋，淋上几滴香油拌匀即可

怪味苦瓜

原料 苦瓜500克

调料 葱花、姜末、蒜末、豆豉、香油、植物油、调料A(辣椒油、花椒油、酱油、醋、麻酱、白糖、盐)各适量

做法

1. 苦瓜洗净，对切两半，去瓜瓤切条，放沸水锅内，焯至断生，捞出沥干，拌少许盐、香油。

2. 锅置旺火上，入油烧热，下豆豉炒香，盛出放在案板上，剁蓉倒在锅内，放入葱花、姜末、蒜末，加入调料A调匀，淋在苦瓜上即可。

多味黄瓜

原料 干辣椒5克，黄瓜500克、海米5克

调料 姜丝、香油、酱油、白糖、醋、植物油、盐各适量

做法

1. 黄瓜洗净，切成滚刀块，放入碗中加盐拌匀，沥干。干辣椒洗净，去籽，切丝。

2. 炒锅中放入油烧热，倒入干辣椒丝和姜丝，煸炒出香味，再加入酱油、白糖、醋熬成汁，加入香油搅匀，倒入碗中。

3. 将腌好的黄瓜块、海米放入调味碗中拌匀，腌渍20分钟即可。

蒜泥浇茄子

原料 茄子300克

调料 大蒜、酱油、辣椒油、香油、盐、醋各适量

做法

1. 茄子削净皮洗净，切长条，蒸熟，放盘中。

2. 大蒜剥净皮，捣成泥。

3. 将蒜泥同酱油、辣椒油、盐、醋、香油放入一个容器内，调匀，浇在茄子上，拌匀即可。

咸茄子

原料 茄子500克

调料 盐适量

做法

1. 茄子去蒂洗净，放入沸水中加盐，煮熟，捞出沥干水，备用。

2. 茄子放入洗净的瓦缸中，每放一层茄子，撒一层盐。

3. 将300克水缓缓倒入缸中，每隔1天加1次水，5天后将缸封口，腌渍15天捞出即可食用。

巧拌三样

原料 洋葱200克，红尖椒、香菜各50克

调料 葱花、香油、生抽、醋、盐各适量

做法

1. 洋葱洗净，切丁。尖椒洗净，顶刀切段。香菜洗净，带叶切段。

2. 洋葱丁、尖椒段、香菜段放入碗中，加适量盐、生抽、香油、醋、葱花拌匀即可。

红油芦荟

原料 芦荟150克

调料 香油、辣椒油、酱油、白糖、盐各适量

做法

1. 芦荟选新鲜、肉质厚、大小均匀的。芦荟洗净，锅内加清水烧开，将芦荟焯水断生捞出，切片。

2. 酱油、盐、白糖、辣椒油、香油调匀成红油味汁，将芦荟片与红油味汁拌均匀，装盘即可。

酱渍蒜薹

原料 蒜薹300克，辣椒50克

调料 黄酱、盐各适量

做法

1. 蒜薹掐掉梗部分，把青嫩的部分切成长段，洗净，装入盘中。

2. 把盐水烧开，凉到50℃左右，放蒜薹腌上。两天后取出，用清水洗两遍，沥干水。

3. 辣椒洗净竖切成两瓣，去籽，并将辣椒、蒜薹、黄酱放入坛中，加盐拌均匀，腌渍半个月后可食用。

椒芽木耳菜

原料 木耳菜300克，青红椒碎20克

调料 葱末、蒜末、花生油、花椒油、盐各适量

做法

1. 木耳菜洗净，焯水冲凉并控干水分，放入盘中。

2. 把花椒油、盐、青红椒碎、葱末、蒜末调拌成味汁。

3. 锅中烧热花生油后倒入味汁碗中，将味汁浇在木耳菜上，拌匀即可。

凉拌香菜

原料 香菜100克，鲜红椒10克

调料 蒜末、香辣酱、蚝油、香油、红油、盐各适量

做法

1. 香菜择洗净，沥干水，放入盘中。鲜红椒去蒂、去籽，洗净后部分切成米粒状，部分切丝。

2. 将盐、香辣酱、蚝油、香油、红油、蒜末、鲜红椒粒、红椒丝放入碗中，放入香菜拌匀即可。

麻酱拌凤尾

原料 莴笋尖300克

调料 酱油、麻酱、盐、香油各适量

做法

1. 莴笋尖去皮洗净，切成长段，放入沸水锅中焯一下，捞出晾凉，整齐地装入碟内。
2. 取一只碗，放入麻酱、酱油、香油、盐拌匀成卤汁，浇在莴笋尖上即可。

炝拌柿子椒

原料 鲜嫩柿子椒200克，椒盐花生50克

调料 干红辣椒段、花椒粒、香油、植物油、盐各适量

做法

1. 把柿子椒洗净，用刀从中间剖开，去净籽，分切三瓣，放入碗中，用盐腌片刻。
2. 锅烧热入油，把干辣椒段、花椒粒入锅稍炒，等辣椒呈褐红色时将椒油倒入碗内备用。
3. 柿子椒、花生放入一个大碗内，浇上椒油，调入盐、香油拌匀即可。

生拌辣椒丝

原料 青辣椒200克

调料 香菜段、香油、酱油、醋、盐各适量

做法

1. 青辣椒去蒂、籽洗净，切成细丝。
2. 取一大碗，放入辣椒丝，撒盐拌匀，盖上盖，腌渍2~3个小时取出，挤干水分。
3. 另取一大碗，放入腌好的辣椒丝，撒上香菜段，加入香油、酱油、醋拌匀即可。

蒜拌空心菜

原料 空心菜200克，蒜末50克

调料 香油、生抽、盐各适量

做法

1. 空心菜择洗净，入沸水锅中烫一下捞出冲凉沥干水分，切长段。
2. 将蒜末、生抽、盐、香油放入一个碗内调制成味汁，浇在空心菜上，拌匀即可。

鲜辣芥菜　素

原料 芥菜200克，梨50克

调料 蒜末、辣椒粉、花椒粉、盐各适量

做法

1. 梨洗净，去皮、核，加入蒜末，捣成泥。芥菜择洗净，用盐水浸泡两天，捞出洗净，晾晒一天。

2. 取一盆，放入梨泥、辣椒粉、花椒粉、盐、芥菜拌匀，装入坛中密封，放在阴凉处，泡制30天即可。

虾酱韭菜　素

原料 韭菜300克，胡萝卜150克

调料 姜末、蒜末、虾酱、辣椒粉、酱油、白糖、盐各适量

做法

1. 韭菜洗净，切长段。胡萝卜洗净，切半圆形片，与韭菜一起撒盐腌渍30分钟。

2. 虾酱、酱油、水煮开，凉后用纱布滤渣，留下汤汁备用。将腌好的韭菜与胡萝卜沥干，加姜末、蒜末、辣椒粉、虾酱、汤汁、盐、白糖拌匀，倒入坛内密封，腌渍15天即可。

咸甜木瓜两味　素

原料 木瓜300克

调料 白糖、盐各适量

做法

1. 木瓜洗净，去皮取肉，切成粗条入沸水中焯断生，捞出，沥干。

2. 将木瓜条分成两份，一份加盐拌匀腌渍一会儿，取出控干汁水装盘。

3. 另一份用白糖腌渍一下，控干汁水，盖在盘中木瓜上，撒白糖即可。

腌韭菜花　素

原料 鲜韭菜花200克

调料 高度白酒、盐、花椒粉各适量

做法

1. 韭菜花择洗净，晾干表面的水分，把韭菜花的老梗去掉。

2. 韭菜花放入切菜机中切成碎末，将切碎的韭菜花放入盐、花椒粉，再放入白酒，搅拌均匀腌渍5分钟。

3. 把韭菜花装入干净的玻璃瓶中，把盖子拧紧，放入冰箱冷藏2~3天即可食用。

蒸拌面条菜

原料 面条菜300克，面粉50克，鸡蛋1个

调料 花生碎、酱油、醋、盐各适量

做法

1. 面条菜洗净，切成小段，放入碗中，加入面粉、鸡蛋、盐，加少量清水拌匀。
2. 面条菜放入蒸锅蒸熟，取出备用。
3. 酱油、醋、花生碎拌匀，浇在面条菜上即可。

花生仁拌芹菜

原料 芹菜100克，新鲜花生200克

调料 葱丁、香油、辣椒油、酱油、白糖、盐各适量

做法

1. 新鲜花生用沸水烫焖后去掉"外衣"。
2. 芹菜洗净焯水，改刀切丁。
3. 酱油、盐、白糖调匀成汁，加入辣椒油、香油调匀成辣椒油味汁，与花生、芹菜丁、葱丁一起拌均匀，装盘即可。

椒盐花生米

原料 生花生200克

调料 芝麻、花椒粉、花生油、盐各适量

做法

1. 花生米拣净，备用。
2. 油锅烧热，倒入花生米用温火边炸边搅，炸至外皮变色，沥干盛盘，再撒上盐、花椒粉、芝麻拌匀即可。

豆瓣姜片

原料 生姜500克，蚕豆瓣100克

调料 红辣椒末、香油、白糖、盐各适量

做法

1. 生姜洗净，切片，拌入白糖和盐，装坛密封，腌渍7天后即可。
2. 蚕豆瓣洗净，入沸水锅中略焯后捞出，加盐、姜片、撒上红辣椒末，点几滴香油拌匀即可。

豆角泡菜

原料 豆角400克，大白菜100克，胡萝卜1根

调料 姜丝、花椒、八角、干辣椒段、盐各适量

做法

1. 豆角择洗净，用盐水卤腌两天，捞出晾干水分。白菜洗净，切块，放入沸水中焯断生，捞出晾凉后放入坛中，将豆角放在白菜上。胡萝卜洗净切丝。

2. 将盐、姜丝、花椒、八角、干辣椒段、胡萝卜丝投入凉开水中，倒入坛内，使水淹没豆角和白菜，腌泡3天即可食用。

剁椒腐竹

原料 水发腐竹300克，胡萝卜、油菜各50克

调料 剁椒酱、辣椒油、植物油、蚝油、白糖、盐各适量

做法

1. 水发腐竹洗净切段。胡萝卜去皮，洗净，切片。油菜洗净，切段。

2. 锅中加油烧热，放入剁椒酱、蚝油炒香，倒入小碗中加盐、白糖、辣椒油调成味汁。

3. 腐竹、胡萝卜、油菜用沸水烫熟，捞出冲凉，沥干，放入盛器中，倒入调好的味汁拌匀即可。

姜汁扁豆

原料 鲜嫩扁豆500克，鲜姜50克

调料 香油、酱油、醋、盐各适量

做法

1. 扁豆去筋，洗净，切长丝。将扁豆丝放沸水锅内焯熟，捞在盘中，控净水分，晾凉。

2. 姜削净皮洗净，剁细末，与醋、酱油、香油、盐放在一起，调匀，浇在扁豆上，拌匀即可。

椒条荷兰豆

原料 荷兰豆250克，红椒50克、水发木耳50克

调料 胡萝卜丁、香油、植物油、盐各适量

做法

1. 荷兰豆洗净，改刀成条。锅入水烧沸，放入荷兰豆焯至断生捞起，放入冷水漂凉捞起，沥干。木耳洗净，切条。

2. 红椒洗净，去蒂、籽，切成粒。油锅烧至四成热，放入红椒粒炒至香味溢出，起锅。

3. 将荷兰豆、木耳加盐、香油、红椒粒、胡萝卜丁拌匀即可。

腊八豆红油豆腐丁

素

原料 水豆腐6片，腊八豆150克，鲜红椒1个

调料 葱花、香油、红油、植物油、酱油、盐各适量

做法

1. 鲜红椒洗净，切末。豆腐切丁。

2. 沸水锅中放盐、酱油，将豆腐丁放入锅中焯水入味后捞出，沥干水。

3. 净锅置火上，放植物油、红油烧热后，起锅。

4. 将腊八豆、豆腐丁、红椒末装入一个大碗内，浇上红油，调入盐、葱花，淋上香油拌匀即可。

麻辣蒜泥拌豆角

素

原料 豆角300克

调料 蒜泥、麻椒油、辣椒油、生抽、盐各适量

做法

1. 豆角去筋，洗净，切段后焯熟，冲凉沥干水分。

2. 蒜泥、生抽、盐、麻椒油、辣椒油装入一个碗内调制成味汁。

3. 将调好的味汁浇在豆角上，拌匀即可。

日式黑豆沙拉

素

原料 黑豆10克，酪梨肉、白萝卜、萝卜叶、牛蒡、干香菇、胡萝卜各20克

调料 蒜末、洋葱丁、橄榄油、寿司醋各适量

做法

1. 干香菇以冷水泡软洗净，焯水；胡萝卜、白萝卜、牛蒡分别洗净，切小片，焯水；萝卜叶洗净，切段。黑豆用水浸泡，再蒸熟。酪梨肉切丁。将所有原料装入盆内。

2. 蒜末、洋葱丁、橄榄油、寿司醋一起拌匀，倒入装有原料的盆内即可。

银耳拌豆芽

素

原料 绿豆芽200克，水发银耳、青椒丝、红椒丝各20克

调料 香油、盐各适量

做法

1. 绿豆芽去根，洗净。银耳洗净撕小朵。

2. 炒锅上火，放水烧开，分别下入绿豆芽、银耳、青红椒丝烫熟，捞出晾凉，控水。

3. 将银耳、豆芽、青红椒丝放入盘内，加入盐、香油，拌匀装盘即可。

糟卤蚕豆粒 素

原料 鲜蚕豆200克

调料 糟卤汁、料包、白糖、盐各适量

做法

1. 鲜蚕豆洗净，煮熟去皮放凉。

2. 锅中加水，放料包、盐、糟卤汁、白糖烧开制成卤汁。

3. 将蚕豆放入卤汁中烧开，捞出放凉水中浸泡1小时即可食用。

红酒煮梨 素

原料 梨300克，红酒、柠檬各50克

调料 蜂蜜、桂皮、白糖各适量

做法

1. 梨去皮洗净，切成薄片；柠檬洗净切片。

2. 将白糖、蜂蜜、红酒、桂皮倒入锅中，加入切好的梨片、柠檬片，文火煮3小时，装杯即可。

雪花梨片 素

原料 鸭梨400克

调料 白糖适量

做法

1. 鸭梨削皮，洗净去核，切片。

2. 炒锅置旺火上，放白糖翻炒，起锅稍凉，备用。

3. 将切好的梨片装入盘中，并浇上白糖，食用时拌匀即可。

拌凉粉 素

原料 绿豆凉粉400克，胡萝卜20克

调料 葱末、蒜末、姜汁、菜籽油、辣椒油、花椒、香油、白酱油、盐各适量

做法

1. 绿豆凉粉洗净，切条。蒜末加入热油和适量凉开水，调成蒜泥。胡萝卜洗净，切丁。

2. 油锅烧热，放入花椒炸香成花椒油，倒入碗内。

3. 将凉粉装入碗内，淋入白酱油、辣椒油、盐、香油、姜汁、蒜泥、花椒油，撒葱末拌匀即可。

腐皮卷白肉 肉

原料 带皮的猪二刀肉500克，腐皮、莴笋各50克

调料 葱丝、姜片、蒜泥、花椒、辣椒油、香油、酱油、白糖、盐各适量

做法

1. 带皮猪肉洗净。锅入冷水，放入花椒、葱丝、姜片，放入猪肉煮至刚熟捞起。腐皮洗净切宽条。

2. 煮熟的肉晾凉，切成薄片。莴笋洗净，切丝。用切好的肉片、腐皮分别包入莴笋丝、葱丝卷成卷状。

3. 碗内放蒜泥、盐、辣椒油、酱油、白糖、香油调成蒜泥味汁，将菜与味汁一起上桌即可。

干香肉片 肉

原料 猪瘦肉200克，生菜适量

调料 姜片、香油、酱油、料酒、白糖各适量

做法

1. 猪瘦肉洗净，切片，放碗中，放入全部调料拌匀，腌约6小时。

2. 将腌过的肉片倒去汤汁，逐片放在通风处晾至两面都呈干状，码碗内，上笼用旺火蒸熟。

3. 生菜洗净，铺盘，将蒸熟的肉片沥去汤汁，晾凉，扣在生菜上即可。

水晶肴肉 肉

原料 猪蹄500克

调料 鲜肉皮冻、葱段、姜片、料酒、盐各适量

做法

1. 猪蹄洗净，剔去骨，放在案板上，用竹签戳几个小孔，用盐揉匀擦透，猪蹄入缸腌渍后取出，放入冷水中浸泡1小时，取出。

2. 猪蹄用温水洗净，放入锅中，加葱段、姜片、料酒、盐、水焖煮至肉酥取出，皮朝下放入平盆中压平。将锅内汤卤烧沸，去浮油，倒入平盆中，稍加一些鲜肉皮冻凝结，即可。

黄酱肉皮 肉

原料 猪肉皮300克

调料 葱段、姜片、卤料包、老汤、黄酱、植物油、酱油、白糖、盐各适量

做法

1. 猪肉皮汆水捞出，洗净。锅烧热，放入白糖、水文火熬至呈暗红色，加水煮沸，待凉制成糖色。

2. 油锅烧热，放入黄酱炒香，加入糖色、酱油、盐、老汤调成黄酱汤，下肉皮、葱段、姜片、料包文火酱卤，捞出晾凉改刀装盘即可。

凉拌肉皮丝 肉

原料 猪肉皮250克，黄瓜1根

调料 葱末、辣椒油、香油、酱油、白糖、盐各适量

做法

1. 肉皮去净毛，洗净，放入沸水锅中煮熟，捞出晾凉，切长细丝，上碟。黄瓜洗净，切丝，放在装肉皮丝的碟中。

2. 将辣椒油、酱油、白糖、盐、香油、葱末装入一个碗内调匀，浇在肉皮上拌匀即可。

拌皮肚 肉

原料 皮肚200克，青尖椒、红尖椒各50克

调料 蒜末、花椒油、醋、盐各适量

做法

1. 皮肚用温水浸发。青尖椒、红尖椒洗净，切块。

2. 将发好的皮肚洗净，切块，放入沸水锅中煮3分钟，捞出控干水分。青红尖椒块用沸水烫一下，捞出冲凉，控干水分。

3. 皮肚和青红尖椒块放入盛器中，加蒜末、盐、醋调味，淋花椒油拌匀即可。

白切猪肚 肉

原料 肚头150克，青椒丝、红椒丝、胡萝卜丝各100克

调料 葱丝、姜丝、香菜段、花椒、酱油、蚝油各适量

做法

1. 肚头洗净，放入锅中，加入花椒、姜葱丝、水煮熟，捞出晾凉，切成薄片。

2. 锅置火上，加入清水，放入青红椒丝、葱姜丝、胡萝卜丝焯至断生捞起，装入碗中。

3. 放入酱油、蚝油、肚片，撒香菜段拌匀即可。

剁椒肚片 肉

原料 熟猪肚250克，泡辣椒50克，芹菜50克

调料 葱花、泡姜、香油、精炼油、盐各适量

做法

1. 熟猪肚洗净，切为斜刀片，装入盘中。泡辣椒、泡姜洗净均剁细。芹菜洗净，切段，焯水晾凉后放入盛肚片的盘中。

2. 油锅烧热，下入剁细的泡辣椒、泡姜炝锅，出香出色，盛出备用。

3. 将盐加入炒香的泡椒汁中，浇在盘中肚片上，撒上葱花，淋香油拌匀即可。

干豇豆拌肚丝

原料 猪肚500克，干豇豆150克，红尖椒丝20克

调料 卤水、葱末、姜末、料酒、醋、盐各适量

做法

1. 猪肚加盐、醋、姜末、葱末、料酒揉洗净。
2. 猪肚放入锅内汆水，除尽异味，再将猪肚放入锅中煮熟，捞出切丝。
3. 将干豇豆下入卤水锅中，卤制成熟。将猪肚丝、红尖椒丝、干豇豆加盐、料酒、醋拌匀即可。

金针豆皮拌腰丝

原料 猪腰200克，豆皮丝、金针菇各100克

调料 葱花、蒜末、碎花生仁、熟芝麻、姜汁、红油、花椒油、香油、酱油、醋、白糖、盐各适量

做法

1. 猪腰洗净，切丝，入热水锅中汆一下，捞出。
2. 分别将金针菇、豆皮丝洗净放入沸水，加少许盐煮熟，捞出沥干，放盘中垫底。酱油、醋、姜汁、蒜末、红油、花椒油、香油、白糖调匀成味汁。
3. 将腰丝拌入豆皮丝和金针菇，淋入调好的味汁，撒上碎花生仁、熟芝麻、葱花即可。

椒麻腰花

原料 猪腰200克

调料 葱叶、生花椒、冷鲜汤、香油、酱油、盐各适量

做法

1. 葱叶、花椒混合，用刀剁细成椒麻糊。
2. 猪腰洗净，剖成两片，用剞刀加工成条状。
3. 锅入清水烧沸，放入腰花汆至断生，捞出装盘。
4. 所有调料调匀成汁，加入椒麻糊、香油调匀成椒麻味汁，将椒麻味汁淋在腰花上即可。

炝猪肝

原料 猪肝300克，黄瓜、冬笋、胡萝卜各50克

调料 姜丝、蒜末、花椒、熟花生油、盐各适量

做法

1. 黄瓜、冬笋分别洗净，切片，焯水过凉。猪肝洗净切成小薄片，汆至断生捞出过凉，沥干水。胡萝卜洗净，切片。油锅烧热，放入花椒翻炒，去除花椒，花椒油装碗备用。
2. 将黄瓜片、冬笋片、胡萝卜片放入盘内，上面放肝片，撒上姜丝、蒜末，再浇上炸好的热花椒油，略焖一下，加入盐拌匀即可。

凉拌猪心

原料 猪心100克、天麻30克、酸枣仁、柏子仁各10克、当归5克

调料 葱段、姜片、香菜段、香油、料酒、盐各适量

做法

1. 猪心切开，去白筋洗净。
2. 锅内加水，放入猪心、姜片、葱段、盐、料酒、天麻、酸枣仁、柏子仁、当归炖煮1小时。
3. 汤汁放冷后，捞出猪心，切薄片，放入盘中，浇上炖煮过的药汁，点几滴香油，撒上香菜段拌匀即可。

大葱拌香耳

原料 熟猪耳300克，葱白100克，香菜40克

调料 鲜辣露、香油、盐各适量

做法

1. 熟猪耳切丝。葱白洗净，切丝。香菜洗净，切段。
2. 猪耳丝和葱白丝、香菜段放盛器中，调入适量盐、鲜辣露、香油调味拌匀即可。

红油猪耳

原料 卤猪耳朵250克，青椒、红椒、香菜各50克

调料 葱丝、红油、酱油、白糖、盐各适量

做法

1. 卤猪耳朵，切丝。青红椒去蒂、籽，洗净，切丝。香菜洗净切段。
2. 猪耳朵丝、葱丝、青红椒丝放入大碗中，加红油、酱油、白糖、盐，撒香菜段拌匀即可。

猪耳拌黄瓜

原料 熟猪耳、黄瓜各200克，水发木耳50克

调料 蒜末、香油、酱油、醋、盐各适量

做法

1. 猪耳切成小块，放入盘内。木耳洗净，撕片。
2. 将黄瓜去皮洗净，切块，分别将黄瓜、木耳入沸水中焯一下捞出，再放入凉水中浸泡一下捞出，控净水，放在猪耳盘内。
3. 蒜末、盐、酱油、醋、香油，调成调味汁，浇在盘内菜上，拌匀即可。

红油拌猪舌

原料 猪舌2个

调料 葱末、辣椒油、香油、酱油、白糖、盐各适量

做法

1. 把猪舌刮净舌苔，洗净，放入沸水锅内煮熟，捞出，切成薄片，放盘内。

2. 用辣椒油、白糖、酱油、香油、盐、葱末调成味汁，浇在猪舌上，拌匀即可。

家常酱猪蹄

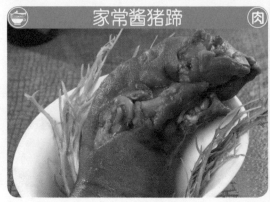

原料 猪蹄1只

调料 葱段、姜片、蒜片、八角、陈皮、豆瓣酱、植物油、酱油、料酒、白糖、盐各适量

做法

1. 猪蹄洗净，放入火中烧至外皮呈黄色，放入热水中稍泡。

2. 将油烧热，煸香豆瓣酱，再加入葱段、姜片、蒜片、八角、陈皮，烹入酱油、料酒，加水，再把猪蹄、白糖、盐放入锅内烧开，转文火慢煮，待猪蹄煮烂，捞出晾凉即可。

果仁拌牛肉

原料 熟牛肉500克，花生仁100克

调料 辣椒粉、花椒粉、辣椒油、盐各适量

做法

1. 熟牛肉切片，装入盘中备用。

2. 将盐、辣椒粉、花椒粉装入小碗内调匀。

3. 将牛肉浇上辣椒油，拌入调好的辣椒粉、花椒粉，撒上花生仁，拌匀即可。

湘卤手撕牛肉

原料 牛肉300克

调料 葱段、姜片、香菜段、花椒、八角、桂皮、芝麻、辣椒末、料酒、盐各适量

做法

1. 牛肉洗净，切成小块，汆水捞出。牛肉放入锅中，放入所有调料煮开，改文火煮至肉烂，取出撕丝。

2. 将花椒炸熟捞出。辣椒末放入碗中，放入芝麻、盐调匀，倒入花椒油。将辣椒油、香菜段、葱段、盐放入牛肉丝中拌匀即可。

夫妻肺片

原料 牛肉300克，牛杂200克

调料 葱花、花生末、花椒粒、花椒粉、八角、卤水、香油、辣椒油、酱油、料酒、盐各适量

做法

1. 牛肉、牛杂洗净，切条，入锅烧沸。锅上火，倒入卤水、清水、料酒、八角、花椒粒，放入牛肉条、牛杂烧沸，文火烧至牛肉、牛杂熟烂，切片，放入盘中。

2. 碗内倒卤水，加辣椒油、花椒粉、酱油、盐调成味汁，淋入盘中，撒花生末、葱花、香油拌匀即可。

川酱牛肉

原料 鲜牛肉500克，豆瓣酱100克

调料 姜片、花椒、卤水、料酒、盐各适量

做法

1. 牛肉洗净，加盐、料酒、花椒、姜片，腌渍半天，备用。

2. 锅入清水烧沸，放入牛肉汆水，捞出洗净。

3. 将牛肉放入卤水中，加入豆瓣酱烧沸，用文火焖卤至熟软，捞出晾凉，切片，装盘即可。

杭椒拌牛肉

原料 熟卤牛肉200克，青杭椒、红杭椒、洋葱各50克

调料 香菜末、辣椒油、生抽、白糖各适量

做法

1. 熟卤牛肉切小丁。青、红杭椒洗净，切成小段。洋葱洗净，切丁。

2. 把牛肉丁、青、红杭椒段、洋葱丁放入盛器中，加香菜末、生抽、白糖调味，淋辣椒油拌匀即可。

麻辣拌肚丝

原料 牛肚750克，青椒、红椒各50克

调料 葱丝、芝麻、花椒粉、辣豆瓣酱、香油、辣椒油、盐、酱油各适量

做法

1. 牛肚洗干净，放入沸水锅内煮熟，捞出晾干，切长丝，放在盘中。

2. 青、红椒洗净切丝；将香油、酱油、盐、辣椒油、葱丝、辣豆瓣酱、花椒粉调和成酱料。

3. 将酱料淋在牛肚丝上拌匀，撒上芝麻即可。

川酱卤牛腱

原料 牛腱肉500克

调料 葱末、蒜末、豆瓣酱、卤水、植物油、香油、料酒、盐各适量

做法

1. 牛腱表面筋膜去掉，入锅汆水，冲洗净。
2. 起油锅，将蒜末、葱末、豆瓣酱加料酒爆香，放入盛卤水的煲内，加入清水、牛腱、盐，煮沸后改慢火熬40分钟，离火，待冷却后放入冰箱浸10小时。
3. 食用时取出牛腱切薄片，原汁加热后淋在牛腱上面，加入香油即可。

陈皮牛肉

原料 牛腿肉500克

调料 葱段、姜片、蒜片、陈皮丁、花椒、辣椒面、辣椒油、植物油、酱油、白糖、香油、盐各适量

做法

1. 牛肉洗净，切成方丁，入热油锅中炸干，捞出控油。把肉丁放入清水锅中，旺火烧开，改中火将肉煮烂，捞出备用。
2. 油锅烧热，下陈皮丁、花椒、姜蒜片、葱段、辣椒面、辣椒油炒香，放入牛肉，再调入酱油、盐、白糖炒匀，收干汤汁，淋上香油即可。

卤蹄筋

原料 牛蹄筋500克

调料 葱花、姜末、剁椒、鸡汤、香料包、香油、生抽、料酒、白糖、盐各适量

做法

1. 牛蹄筋洗净，放沸水锅内汆，捞出切块。
2. 锅内放入鸡汤烧沸，加入葱花、姜末、剁椒、香料包、生抽、料酒、白糖、盐调味。
3. 旺火烧开，将蹄筋块放入锅中，文火卤至酥烂，捞出晾凉，改刀切片，装盘淋上香油拌匀即可。

腰果牛蹄筋

原料 牛蹄筋200克，腰果50克

调料 葱花、蒜末、红油、盐各适量

做法

1. 牛蹄筋洗净，切碎末，入沸水锅中，加入盐，煮至黏稠状取出，放入冰箱冷冻。
2. 将冷冻后的牛蹄筋切块状，摆入盘中，淋红油，撒上腰果、葱花、蒜末即可。

红油肚丝

原料 牛肚300克，小香葱20克

调料 葱花、辣椒油、酱油、白糖、盐各适量

做法

1. 牛肚洗净，入沸水锅中煮熟捞起，晾凉后切丝，装盘。

2. 用酱油、辣椒油、白糖、盐调成红油味汁，淋在肚丝上，撒上葱花即可。

豆豉拌兔丁

原料 净兔肉500克，豆豉5克

调料 葱段、姜片、酥花生仁、豆瓣、花椒粉、香油、植物油、辣椒油、酱油、白糖、盐各适量

做法

1. 兔肉洗净，切丁，放入温水锅中煮至熟，关火浸泡约10分钟，捞出晾凉。豆瓣剁细，豆豉加工成蓉。

2. 油锅烧热，放入豆瓣、姜片炒香，加豆豉蓉微炒，起锅晾凉，放入酱油、白糖、盐、辣椒油、香油、花椒粉调匀成麻辣味汁。将葱段、兔肉丁、酥花生仁与麻辣味汁拌匀即可。

巴国钵钵兔

原料 兔肉500克

调料 葱花、姜片、蒜末、豆瓣、大豆油、香油、辣椒油、芝麻酱、醋、盐各适量

做法

1. 兔肉洗净加姜片、葱花煮熟，捞起，切块，摆入盘中。

2. 用盐、醋、姜片、蒜末、香油、辣椒油、芝麻酱调成汁。将味汁淋在兔肉上拌匀，撒上用油炸酥的豆瓣、葱花即可。

巧拌手撕兔

原料 兔肉200克，青彩椒、红彩椒、黄彩椒、水发木耳各50克，熟白芝麻10克

调料 葱花、姜片、香油、料酒、白糖、盐各适量

做法

1. 兔肉洗净，放沸水锅中加盐、料酒、葱花、姜片煮熟，捞出晾凉。彩椒洗净，切条。木耳洗净，切条，焯水。

2. 将兔肉、彩椒、木耳放入盛器中，放盐、白糖、熟白芝麻，淋香油拌匀即可。

红油明笋鸡  肉

原料 土公鸡200克，冬笋50克

调料 姜丝、蒜末、香菜段、辣椒油、刀口辣椒末、花椒油、香油、酱油、盐各适量

做法

1. 把土公鸡洗净煮熟后晾凉，改刀成块。冬笋用温水泡两天后上笼蒸熟，待冬笋回软后切丝状。

2. 把土鸡块、姜丝、蒜末、刀口辣椒末、花椒油、辣椒油、酱油、盐、香油、笋丝一起拌匀，再放入圆盘，撒上香菜段即可。

椒麻鸡块 肉

原料 净鸡400克

调料 葱花、姜片、花椒、香油、酱油、盐各适量

做法

1. 鸡洗净放入锅内，锅内加姜片、葱花，煮至刚熟，捞起晾凉，再剁成块，盛于碗内。

2. 将花椒、葱花在菜板上剁细（剁时加几滴香油），盛于碗内，加酱油、香油、盐调成椒麻汁，将椒麻汁淋在鸡块上，拌匀上桌即可。

芥末鸡丝 肉

原料 盐焗鸡400克

调料 葱花、香菜末、花生碎、芥末粉、红酱油、辣椒油、醋、盐、油各适量

做法

1. 芥末粉用热水浸发，盐焗鸡撕成条状。

2. 在芥末粉中加入油、盐、红酱油、醋、辣椒油拌匀，再加入鸡丝装盘，撒上花生碎、葱花、香菜末即可。

凉粉三黄鸡 肉

原料 熟三黄鸡100克，黄凉粉片150克

调料 调料A（葱花、冷鲜汤、花椒粉、香油、辣椒油、白糖、盐）、芹菜叶、花生仁碎、黄豆碎、豆瓣碎、精炼油、豆豉、酱油各适量

做法

1. 三黄鸡洗净切片。豆豉捣成蓉。芹菜叶洗净，剁细。

2. 凉粉片洗净焯水，起锅捞入盘内垫底，摆上鸡片。

3. 豆瓣碎、豆豉蓉入油锅炒香，起锅盛入碗内晾凉。将调料A、酱油加入碗内调匀成麻辣味汁，淋在鸡片上，撒上花生仁碎、黄豆碎、芹菜末即可。

湘水三黄鸡 肉

原料 新鲜三黄鸡1只，杭椒圈100克

调料 调料A（姜块、黄姜粉、料酒、盐）、调料B（蒸鱼豉油、生抽、白糖、盐）、葱花各适量

做法

1. 三黄鸡洗净，焯水备用。锅入适量水，加入三黄鸡、调料A旺火烧开，煮5分钟关火，浸泡20分钟后，捞出改刀装盘。

2. 另起锅，放入调料B烧开，均匀淋在三黄鸡上。净锅入油，放入杭椒圈，加入盐翻炒至出清香味，出锅倒在三黄鸡上，撒上葱花即可。

折耳根鸡条 肉

原料 鲜鸡脯肉500克，酥花生仁20克

调料 葱末、姜末、折耳根、熟芝麻、花椒粒、花椒粉、辣椒油、酱油、白糖、盐各适量

做法

1. 鸡脯肉洗净，放入冷水锅中加热煮熟，捞起晾凉，撕成丝备用。折耳根清洗净，花生仁剁碎。

2. 碗内放入酱油、盐、白糖、花椒粉、花椒粒、葱末、姜末、辣椒油，调匀成麻辣味汁。

3. 鸡丝放入盘内，加折耳根，淋入麻辣味汁拌匀，撒上熟芝麻、花生碎装盘即可。

凉拌鸡 肉

原料 熟鸡肉200克，胡萝卜100克，青椒100克

调料 蒜末、油辣子、酱油、葱花、香菜、盐各适量

做法

1. 熟鸡肉用手撕成细丝。胡萝卜、青椒洗净，切丝。蒜末、酱油、油辣子、盐一同拌匀。

2. 将鸡肉丝、胡萝卜丝、青椒丝与调味汁一同拌匀，最后撒上葱花、香菜装盘即可。

红油鸡丝 肉

原料 鸡腿200克

调料 葱丝、蒜末、花椒粉、辣椒油、酱油、青红尖辣椒圈、盐各适量

做法

1. 鸡腿洗净，放入锅中煮熟，再浸泡30分钟，取出晾凉，切丝。

2. 盐、酱油、辣椒油、辣椒圈放入碗中，兑成汁。

3. 葱丝放入盘底，上面放上鸡丝，加入花椒粉，将兑好的调味汁淋在鸡丝上，撒上蒜末拌匀即可。

棒棒鸡丝

原料 白皮仔公鸡1只

调料 葱丝、姜末、蒜末、芝麻酱、花椒粉、辣椒油、香油、酱油、醋、白糖、盐、黑芝麻各适量

做法

1. 仔鸡洗净，放锅中加水煮，开锅后用文火煮至仔鸡熟透，捞出去骨撕成细条。

2. 鸡丝、葱丝摆放入盘中。

3. 将芝麻酱、花椒粉、醋、白糖、盐、酱油、蒜末、辣椒油、姜末调拌成味汁，浇在鸡丝上，淋上香油，撒黑芝麻拌匀即可。

凉拌鸡肝

原料 熟鸡肝200克，黄瓜1根，胡萝卜片50克

调料 辣椒油、生姜、酱油、醋、香油、盐各适量

做法

1. 熟鸡肝切片。黄瓜洗净，切片。生姜洗净，切细末。胡萝卜洗净，切片，放入沸水中焯一下，捞出备用。将鸡肝、黄瓜片、生姜末、胡萝卜放入碗中。

2. 把辣椒油、盐、酱油、醋、香油倒入小碗内，兑成料汁，浇在碗内拌匀，装盘即可。

盐水煮鸡胗

原料 鸡胗500克

调料 葱片、姜片、花椒、胡椒粉、植物油、料酒、盐各适量

做法

1. 鸡胗洗净，放入沸水中余一下，捞出，控水。

2. 油锅烧热，爆香葱片、姜片和花椒，放入鸡胗、料酒、盐和胡椒粉，加适量清水烧开后，转文火慢煮，待鸡胗煮熟，装盘放凉即可。

山椒鸡胗

原料 鲜鸡胗250克，野山椒20克

调料 葱段、姜块、花椒、花椒油、料酒、盐各适量

做法

1. 鸡胗洗净，加入葱段、姜块、花椒、料酒、盐，放入锅中煮熟。

2. 熟鸡胗取出凉透，切片。

3. 野山椒洗净，去蒂。

4. 将鸡胗片加野山椒、花椒油、少许盐拌匀，装盘即可。

白油鸡爪

原料 鸡爪12对，豌豆80克

调料 白酱油、香油、熟花生油、鲜汤、盐各适量

做法

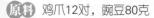

1. 鸡爪洗净，放入锅内煮熟，连汤舀入盆内，晾凉后捞起，剔去鸡爪骨，保持鸡爪皮完整。

2. 把豌豆洗净，放入沸水锅内焯熟，捞起加盐，摆在盘中垫底。

3. 把鸡爪盛于碗内，加入白酱油、香油、熟花生油、鲜汤，搅拌均匀，把鸡爪捞起放在豌豆上，淋上拌鸡爪的汁水即可。

南京盐水鸭

原料 光鸭600克

调料 葱花、姜片、蒜末、蒜泥、椒盐、料酒、八角、盐各适量

做法

1. 光鸭洗净，用椒盐内外擦遍，腌3小时，用沸水烫后晾干。

2. 锅中加清水、八角烧沸，放入盐、姜片、葱花、蒜末、料酒、鸭子烧沸，文火焖熟即可。

3. 食时改刀成块，淋上原汁，蘸蒜泥食用即可。

姜汁鸭掌

原料 鸭掌500克

调料 葱段、姜片、姜末、清汤、香油、酱油、醋、料酒、盐各适量

做法

1. 鸭掌用水浸泡洗净，煮至脱骨，捞出。

2. 煮过的鸭掌，去骨筋、杂质，装碗，再加清汤、姜片、葱段、料酒，上笼蒸至熟透取出，去掉姜片、葱段，将鸭掌晾凉装盘。碗内放盐、酱油、醋、姜末、香油，调成味汁，浇在鸭掌上即可。

山椒泡鸭掌

原料 鸭掌500克，胡萝卜、柠檬片各10克，西芹20克

调料 调料A（花椒、八角、干辣椒、野山椒、胡椒粉、盐）、调料B（泡辣椒、泡菜盐水、红尖椒、白糖）各适量

做法

1. 鸭掌清洗净，入沸水锅煮断生捞出，晾凉。

2. 西芹、胡萝卜洗净，切成菱形，用沸水烫熟，捞出冲凉。锅内加入调料A、水、胡萝卜、柠檬片、西芹片烧沸出味，倒入盆内晾凉，加调料B，放入鸭掌，泡入味即可。

凉拌鸭舌  肉

原料 鸭舌300克，黄瓜50克

调料 胡椒粉、姜汁酒、清汤、花椒油、生抽、料酒、盐各适量

做法

1. 鸭舌洗净加姜汁酒、清汤煮熟。

2. 黄瓜洗净切斜片，码在盘上。

3. 鸭舌洗净加适量料酒、胡椒粉、盐、生抽、花椒油拌匀稍腌，摆在黄瓜片上即可。

芋丝拌鸭肠  肉

原料 鲜鸭肠300克，水发芋丝100克

调料 调料A（蒜泥、姜汁、花椒粉、红辣椒油、香油、酱油、白糖）、葱花、姜片、红椒段、油酥黄豆、醋、料酒、盐各适量

做法

1. 鸭肠洗净，加盐、醋反复搓洗净。

2. 锅加水，下姜片、葱花、料酒烧开，放入鸭肠余烫，待鸭肠略卷曲时捞出过凉，切长段。

3. 芋丝洗净入沸水烫，置于盘中，放入鸭肠，调料A调匀，淋鸭肠上，撒入葱花、红椒段、油酥黄豆即可。

葱酥带鱼  肉

原料 净带鱼500克，水发香菇50克

调料 葱片、姜片、泡辣椒段、胡椒粉、鲜汤、植物油、香油、料酒、老抽、盐各适量

做法

1. 净带鱼洗净，切段，加盐、料酒、姜片、葱片腌入味，入热油锅中，炸至金黄色。香菇洗净切片。

2. 锅中留油烧热，放泡辣椒段、葱片、姜片、香菇炒香，加鲜汤、盐、胡椒粉、老抽、带鱼、料酒，旺火烧至汤汁收干时，淋香油，继续烧至汁干油亮，装盘放凉即可。

凉粉拌鳝丝  肉

原料 净鳝鱼肉200克，豌豆凉粉100克，熟芝麻10克

调料 葱段、姜片、香菜段、豆豉、豆瓣、花椒粉、红油、香油、植物油、醋、白糖、盐各适量

做法

1. 凉粉洗净装盘垫底。锅中入水、姜片、葱段烧沸，入净鳝鱼肉余熟，捞起投凉，切丝放凉粉上。

2. 豆瓣、豆豉剁细入油锅炒香，起锅晾凉。

3. 用醋、盐、白糖、红油、香油、花椒粉、炒好的豆瓣和豆豉调成汁，淋盘中，撒熟芝麻、香菜段即可。

五香鱼块  肉

原料 鲤鱼500克

调料 五香粉、葱花、姜片、蒜片、醪糟汁、料酒、盐、白糖、胡椒粉、香油、鲜汤、菜籽油、老抽各适量

做法

1. 鲤鱼洗净，切条，加料酒、盐、葱花、姜片腌渍。

2. 油锅烧热，放鱼条炸成金黄色捞出。锅放菜籽油烧热，加入姜片、葱花、蒜片炒香，掺入鲜汤，放入鱼条、白糖、醪糟汁、五香粉、胡椒粉、盐、老抽，烧卤至亮油汁干，放入香油、葱花晾凉即可。

鱿鱼丝拌韭菜薹  肉

原料 鲜鱿鱼300克，韭菜薹150克，红椒丝20克

调料 盐、花椒油各适量

做法

1. 鱿鱼洗净，切粗丝，放入沸水锅中煮熟，捞出冲凉，控干水分。

2. 韭菜薹洗净，切段，用沸水焯烫一下，捞出控水，晾凉。

3. 将鱿鱼丝、韭菜薹、红椒丝放盛器中，加盐调味，淋花椒油拌匀即可。

鱼香螺片  肉

原料 海螺肉300克，西芹段150克

调料 葱花、姜片、蒜泥、泡辣椒蓉、香油、辣椒油、酱油、醋、料酒、白糖、盐各适量

做法

1. 螺肉揉洗净，改刀成薄片，锅内加水，放料酒、葱花、姜片烧沸，下螺肉片和西芹余至断生捞出。

2. 将西芹段和螺肉摆盘，用酱油、醋、白糖、盐、泡椒蓉、姜片、蒜泥、辣椒油、香油、葱花调匀成鱼香味汁，浇在海螺上，食用时拌匀即可。

渔夫熏鱼  肉

原料 鲜鲅鱼500克

调料 葱花、姜片、五香粉、八角、桂皮、香叶、香油、酱油、白酒、料酒、白糖、盐各适量

做法

1. 鲅鱼洗净，片厚片，加葱花、姜片、料酒、白酒、盐腌渍，入热油锅中炸透，捞出。

2. 油锅烧热，放葱花、姜片、酱油、八角、桂皮、香叶、料酒爆香，加水烧开，放入鲅鱼片，用白糖、五香粉、盐调味，旺火烧开，转文火烧至汤汁浓稠，淋香油，翻匀出锅晾凉装盘即可。

水晶虾冻 肉

原料 熟虾仁200克，萝卜丝50克

调料 琼脂、清汤、盐各适量

做法

1. 琼脂洗净，放入碗中，加清水，上笼蒸至琼脂全部溶于水中。萝卜丝用沸水烫一下捞出。

2. 准备一个碗，中间放萝卜丝，虾仁围边摆梅花形。清汤烧开，将蒸好的琼脂倒入清汤中，放入盐调匀，倒入盛虾仁的碗中，待冷却放入冰箱凝冻成型，反扣盘中即可。

糟卤河虾 肉

原料 活河虾500克

调料 绍酒、酒糟卤、盐、花椒粉、白糖各适量

做法

1. 河虾洗净，氽熟，捞出沥干，在绍酒中浸10分钟捞出备用。

2. 锅中入少许水，加入盐、花椒粉和白糖烧开，待冷却后加入酒糟卤。

3. 将虾倒入调制好的卤汁中浸泡2~3小时即可食用。

瓜香扇贝 肉

原料 黄瓜、扇贝柱各200克，红尖椒40克

调料 香油、盐各适量

做法

1. 扇贝柱洗净，放入沸水锅中，煮熟捞出，控干水分，放凉。黄瓜洗净，切丁。红尖椒洗净，切丁。

2. 将扇贝柱、黄瓜丁、红椒丁放盛器中，加盐调味，淋香油拌匀即可。

蚝油扇贝 肉

原料 活扇贝10只

调料 姜末、香菜末、花生油、蚝油、料酒、盐各适量

做法

1. 活扇贝去除泥沙，洗净，放入沸水锅中氽熟，捞出，去一侧盖壳，肉放壳内，摆放盘中。

2. 油锅烧热，放入蚝油、姜末、盐、料酒调味，加入适量清水烧开，成蚝油汁，晾凉后浇在扇贝肉上，撒香菜末即可。

芥末扇贝 肉

原料 扇贝200克

调料 葱段、姜片、芥末、香油、酱油、醋、白糖、盐各适量

做法

1. 扇贝洗净切片。锅内注水烧开，放姜片、葱段煮出香味，捞出姜葱。放入扇贝片烫熟，捞出，加入盐、香油拌匀。

2. 芥末加温水、醋、酱油、白糖拌匀，加盖焖30分钟。扇贝片放入锅内，倒入调好的芥末汁，再加酱油、香油，拌匀上碟即可。

巧拌鲜贝 肉

原料 鲜贝250克，黄瓜150克，青椒20克

调料 豆豉、香油、酱油、醋、盐各适量

做法

1. 鲜贝洗净用沸水烫熟，捞出控水。青椒洗净用火烧熟，切成粒。豆豉炒干。黄瓜去皮洗净，切片状。

2. 青椒粒、豆豉、盐、酱油、醋、香油调成味汁。

3. 切好的黄瓜垫在圆盘底，将鲜贝摆在上面，淋上味汁即可。

腊肉拌蛏子王 肉

原料 蛏子王500克，老腊肉片50克

调料 腐乳汁、香油、植物油、甜面酱、蚝油、酱油、盐各适量

做法

1. 蛏子王清洗后汆水，用水冲掉泥沙。

2. 老腊肉片入油锅炒出香味，起锅。

3. 锅内加酱油、甜面酱、蚝油、腐乳汁、香油、盐、蛏子王、腊肉片炒熟，装盘晾凉即可。

蒜拌海肠 肉

原料 海肠500克

调料 蒜末、香菜、蚝油、盐各适量

做法

1. 海肠宰杀洗净，切段汆水，晾凉。

2. 香菜洗净，切段。

3. 海肠放入碗中，加入香菜段、蒜末、盐、蚝油拌匀即可。

老醋蜇头 肉

原料 海蜇头400克，黄瓜100克

调料 蒜泥、香菜末、红辣椒末、香油、生抽、老醋、白糖、盐各适量

做法

1. 海蜇头洗净，切块，用水冲洗，去掉咸味，用沸水汆熟，捞出冲凉，控干水分。

2. 黄瓜洗净，切片，摆放盘中，海蜇头放黄瓜片上。碗中加蒜泥、老醋、白糖、生抽、香油调成老醋汁，浇在海蜇头上，加入红辣椒末、香菜末、盐拌匀即可。

凉拌海蜇皮 肉

原料 海蜇皮250克，黄瓜100克，鲜姜50克

调料 蒜末、香油、酱油、醋、盐各适量

做法

1. 海蜇皮泥沙洗净，切成长的细丝，用沸水汆熟，放入凉水内浸泡。

2. 黄瓜洗净，切细丝。姜刮净皮洗净，切成细末，与醋、酱油、香油、盐等调料拌匀。

3. 将海蜇捞出，控干水分，放入盘内，将汁浇在海蜇皮上，再将黄瓜丝、蒜末撒在上面，食用时拌匀即可。

芹菜拌海蜇皮 肉

原料 海蜇丝400克，芹菜150克

调料 姜丝、香油、盐各适量

做法

1. 海蜇丝洗净，用沸水烫一下，捞出冲凉，控干水分。芹菜洗净，切段，焯水捞出，冲凉控水。

2. 把海蜇丝和芹菜段放入盛器内，加姜丝、盐调味，淋香油拌匀即可。

糖醋蜇皮 肉

原料 海蜇皮400克

调料 蒜末、香油、醋、白糖、盐各适量

做法

1. 海蜇皮洗净，切丝，用清水漂洗一下，洗去咸味，入沸水中汆烫一下，捞出冲凉，控干水分。

2. 将海蜇丝放入盛器中，加蒜末、醋、盐、白糖调味，淋香油拌匀即可。

Part **2**

美味热菜，
吃了还想吃

　　要炒出脆嫩可口又有营养的热菜，其烹调过程是很有讲究的。原材料买回家不要马上处理，一定要烹炒的时候再处理。这样既能保留食材的营养成分，又能保持菜肴美味可口。热菜的烹饪方法很多，包括炒、熘、爆、烧、焖、煎、炸、烤、蒸、扒等。

青椒小炒肉

原料 鲜肉200克，红椒、青椒各300克

调料 姜丝、蒜片、剁辣椒、豆豉、花生油、酱油、醋、料酒、盐各适量

做法

1. 辣椒洗净，切片。鲜肉洗净，切片。

2. 锅入油烧热，放入姜丝、蒜片，待爆出香味后，将肉片倒入锅中，加适量盐，煸炒至九成熟，盛起。

3. 另起锅入油烧热，放入青红椒煸炒，加少许盐，加剁辣椒炒匀，倒入肉片翻炒，加入醋、酱油、料酒、豆豉继续翻炒均匀，出锅装盘即可。

鱼香小滑肉

原料 猪瘦肉300克，竹笋100克，水发木耳50克

调料 葱末、姜末、蒜末、泡椒末、淀粉、清汤、植物油、酱油、醋、白糖、盐各适量

做法

1. 竹笋去皮洗净，切成薄片。木耳洗净，切片。

2. 猪肉洗净，切片，用盐稍腌，再用淀粉拌匀。

3. 将酱油、白糖、醋、清汤、淀粉、盐混合制成鱼香汁。

4. 锅中倒入适量的油，烧至六成热，放入葱末、姜末、蒜末炒香，放入肉片炒散，再放入泡辣椒末炒成红色，再放入竹笋片、木耳炒匀，倒入鱼香汁，翻炒至熟即可。

合川肉片

原料 猪肉400克，水发玉兰片100克，水发木耳30克，鲜菜心50克，鸡蛋1个

调料 葱片、姜片、蒜片、泡辣椒、淀粉、鲜汤、花生油、酱油、醋、料酒、白糖、盐各适量

做法

1. 猪肉洗净，切片，加盐、料酒、鸡蛋、淀粉拌匀。玉兰片洗净。泡辣椒洗净去籽，切菱形。将酱油、白糖、醋、淀粉、鲜汤调成芡汁。菜心洗净。木耳洗净，撕片。

2. 锅入油烧热，将肉片煎至两面呈金黄色盛出。另起油锅，放入泡辣椒、葱片、姜片、蒜片、木耳、玉兰片、菜心炒几下，放入肉片炒匀，烹入芡汁、盐炒至熟，装盘即可。

原料 猪瘦肉200克，冬笋、水发木耳各100克

调料 葱花、姜末、蒜末、泡红椒、泡青椒、胡椒粉、淀粉、高汤、花生油、酱油、醋、料酒、白糖、盐各适量

做法

1. 泡红椒、泡青椒分别洗净用刀剁细。冬笋去外皮，洗净，切丝。木耳洗净切丝。

2. 将猪瘦肉洗净，切丝，用盐、酱油、料酒、淀粉腌至入味。白糖、高汤、醋、胡椒粉、淀粉调成鱼香味汁。

3. 油锅加热，放入泡红椒丝、泡青椒丝、姜末、蒜末、葱花炒香，放入肉丝炒散，盛出。另起油锅，下冬笋丝、木耳丝，下肉丝，烹入鱼香味汁，快速翻炒，收汁亮油，起锅装盘即可。

鱼香肉丝 〔猪肉〕

樱桃肉 〔猪肉〕

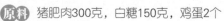

原料 猪肥肉300克，白糖150克，鸡蛋2个

调料 食用红色素、淀粉、面粉、花生油、盐各适量

做法

1. 猪肥肉洗净，切成小方丁，在沸水锅内煮1分钟捞起，沥干水分，拌上干淀粉。

2. 用蛋清和水加面粉调成薄糊，加入少许食用红色素、盐，把拌好的肥肉丁倒入糊内拌匀，逐个投入油锅内，炸至皮脆色红时捞起。

3. 将炒锅置火上，加油烧热，放入糖，搅炒至溶化时移至文火上，炒至糖色由白转微黄时，投入炸好的肉丁，翻炒至糖汁包裹肉丁，出锅装盘即可。

板栗鲜笋肉 〔猪肉〕

原料 猪肉100克，竹笋200克，栗子50克，青蒜20克

调料 黑胡椒、淀粉、植物油、酱油、料酒、白糖、盐各适量

做法

1. 竹笋洗净，切成长片。栗子焯烫剥去皮。猪肉洗净，切厚片，入沸水锅中汆烫洗净。青蒜洗净，切段。

2. 将竹笋片、猪肉片、栗子、黑胡椒、植物油、酱油、料酒、白糖、盐放入锅中，加适量水煮滚，改文火烧至入味且汤收干时，下水淀粉勾芡，撒青蒜段出锅装盘即可。

烧双圆

原料 猪肉馅300克，鹌鹑蛋100克，水发木耳50克，胡萝卜20克，鸡蛋1个

调料 葱花、姜末、胡椒粉、食用油、蚝油、料酒、盐各适量

做法

1. 鹌鹑蛋洗净蒸熟，去壳，炸至金黄色。胡萝卜洗净去皮，切片。木耳洗净，撕片。

2. 猪肉馅加葱花、姜末、盐、料酒、鸡蛋、胡椒粉拌匀，挤成丸子，入油锅中炸至金黄色捞出。

3. 锅入油烧热，放入蚝油、料酒爆锅，加水烧开，放入猪肉丸、鹌鹑蛋、木耳片、胡萝卜片，用盐、胡椒粉调味，旺火烧开，改中火待汤汁烧至浓稠，撒葱花出锅即可。

烧狮子头

原料 猪肉馅500克，油菜50克，胡萝卜25克

调料 葱花、姜末、食用油、酱油、料酒、胡椒粉、淀粉各适量

做法

1. 油菜、胡萝卜分别洗净，切丝。

2. 猪肉馅加葱花、姜末、淀粉、胡椒粉、酱油拌匀，并摔打至有弹性，做成大小相同的肉丸。锅入油烧热，倒入肉丸炸至呈金黄色，捞出。

3. 锅入油烧热，放入油菜丝、胡萝卜丝略炒，再倒入炸好的肉丸，并加入酱油、清水、料酒同烧，中火焖煮10分钟至熟透，用水淀粉勾芡，出锅装盘，撒上葱花即可。

船家烧肉钵子

原料 猪肉350克，梅干菜150克

调料 姜末、蒜瓣、茶油、桂皮、香叶、清汤、酱油、料酒、盐各适量

做法

1. 猪肉洗净，随冷水下锅，中火煮15分钟至断生捞出，沥尽水分，切片。蒜瓣洗净。梅干菜泡软，洗净切成粗末。桂皮、香叶洗净。

2. 锅入油烧至五成热，将肉片中火煸炒至吐油，下姜末，烹料酒、酱油旺火炒出香味，加入盐，再加清汤，放梅干菜中火烧2分钟，盛入垫有桂皮、香叶的钵子中，放蒜瓣拌匀，文火煨1小时，随微火上桌。

原料 猪肉150克，小白菜心100克，黄花菜10克，鸡蛋1个

调料 葱花、姜末、淀粉、胡椒粉、高汤、菜油、酱油、绍酒、盐各适量

红烧丸子 猪肉

做法

1. 黄花菜用温热水泡发洗净。小白菜洗净。

2. 将猪肉洗净，剁成肉蓉，再加葱花、姜末剁匀，盛入大碗内，加鸡蛋、淀粉、盐、酱油、绍酒调味成肉馅。

3. 锅入菜油烧热，将肉馅用调羹舀成均匀的肉丸，下入锅中炸至丸子外表呈金黄色，倒出大部分油，放入葱花、黄花菜、小白菜炒软，掺入高汤，加酱油、胡椒粉搅匀，把丸子烧透心后，勾芡，将汤汁收浓起锅即可。

花椒肉 猪肉

湘西酸肉 猪肉

原料 猪瘦肉500克，干红辣椒30克

调料 葱段、姜片、花椒、高汤、菜油、黄酒、酱油、白糖、盐各适量

做法

1. 干辣椒洗净去蒂、籽，切成节。

2. 将猪瘦肉洗净，切丁，用盐、黄酒、葱段、姜片、酱油拌匀，腌渍20分钟备用。

3. 锅入油烧至八成热，将肉丁放入炸约3分钟捞起。锅内留余油烧至七成热，下干辣椒节、花椒炒至呈棕红色，下入白糖、酱油、高汤、肉丁，烧至汤汁浓稠，肉丁熟软，调盐起锅装盘即可。

原料 猪肥肉750克，青蒜段25克

调料 干红尖辣椒、淀粉、花椒粉、清汤、花生油、盐各适量

做法

1. 猪肥肉洗净，沥干水后切块。干红尖辣椒洗净切细末。

2. 将肉块用盐、花椒粉腌5小时后，加入淀粉、盐拌匀。将所有调料与肉块拌匀，盛入密封坛内，腌15天即可酸肉，切片备用。

3. 锅入花生油烧热，放入酸肉、干辣椒末煸炒，当酸肉渗出油时，下淀粉炒成黄色，再倒入肉清汤焖2分钟，待汤汁稍干，放青蒜段炒几下装盘即可。

脆炸肉丸

原料 猪肉300克，面粉50克

调料 发酵粉、淀粉、胡椒粉、五香粉、香油、植物油、盐各适量

做法

1. 猪肉洗净，剁成蓉，加盐，再放入胡椒粉、五香粉、香油、淀粉、清水搅拌起劲，用手挤成丸子，均匀放入盘中，上笼旺火蒸熟，取出晾凉。

2. 将面粉、发酵粉、淀粉、盐拌匀，加清水搅成糊状，加少许植物油拌匀，静置一会儿。

3. 锅入油烧热，将丸子蘸面粉糊下锅，炸至呈金黄色，捞出控油，装入盘中撒胡椒粉即可。

竹篱飘香肉

原料 猪里脊肉400克，干辣椒段100克，鸡蛋1个

调料 葱花、熟白芝麻、面包糠、胡椒粉、淀粉、食用油、料酒、白糖、盐各适量

做法

1. 猪里脊肉洗净，切成厚片，加少许盐、料酒腌渍片刻。鸡蛋打入碗中，搅拌成蛋液。

2. 锅入油烧热，将腌好的猪肉片，拍上淀粉，裹上蛋液，放入面包糠中，滚蘸上面包糠，放入油锅炸至呈金黄色，捞出控油。

3. 锅留余油烧热，加干辣椒段爆香，加入炸好的猪肉，用盐、白糖、胡椒粉调味，撒入芝麻、葱花炒匀出锅即可。

虾酱肉末芸豆

原料 猪肥瘦肉300克，芸豆200克，鲜虾酱50克，鸡蛋1个

调料 葱末、姜末、红尖椒段、鲜汤、花生油、酱油、料酒、盐各适量

做法

1. 芸豆择洗净，用沸水烫一下，捞出切末。将猪肥瘦肉洗净，切末。鸡蛋打入碗内，加入虾酱拌匀。

2. 锅入油烧热，倒入虾酱蛋液炒熟，盛入碗内。

3. 另起锅入油烧热，下入葱末、姜末、红尖椒段爆香，加入肉末、酱油、料酒煸炒至熟，再加入芸豆末、炒好的虾酱鸡蛋和适量鲜汤，用慢火炖熟透，调入适量盐，炒匀出锅装盘即可。

原料 猪肉300克，蛋清1个

调料 葱花、姜丝、熟白芝麻、花椒粒、辣椒粉、孜然粉、花椒粉、食用油、酱油、料酒、白糖、盐各适量

做法

1. 猪肉洗净，切成薄片，加葱花、姜丝、花椒粒、酱油、盐、白糖、料酒、鸡蛋清腌30分钟入味。

2. 将腌好的肉串上牙签，放入热油锅中炸至肉片干黄，捞出控油。

3. 锅内留少许油烧热，开文火，倒入牙签肉，放入辣椒粉、花椒粉、孜然粉炒匀，撒葱花和芝麻即可。

改良牙签肉 猪肉

脆皮纸包肉 猪肉

原料 五花肉馅300克，蒸肉料粉100克，鸡蛋1个

调料 面包糠、威化纸、豆瓣酱、鲜汤、海鲜酱油、植物油、盐各适量

做法

1. 五花肉馅加入海鲜酱油、盐、豆瓣酱、鲜汤，用筷子拌匀备用。

2. 将肉馅放入平盘中抹平，入锅蒸熟，取出晾凉，切成方块，同蒸肉料粉一起卷入威化纸内。

3. 将鸡蛋打入碗中，用筷子搅拌均匀，放入肉卷裹上蛋液，沾匀面包糠，入热油锅中炸至呈金黄色，捞出沥油，装盘即可。

苦瓜蒸肉丸 猪肉

原料 猪肉300克，苦瓜200克，鸡蛋1个

调料 葱末、姜末、胡椒粉、水淀粉、香油、料酒、盐各适量

做法

1. 苦瓜洗净，切成节，掏去瓜瓤，入热油锅中稍炸，捞出沥油。利用锅里的余油，将姜末、葱末炒香，用水淀粉勾芡，调成味汁。

2. 将猪肉洗净剁成蓉，加鸡蛋、淀粉、盐、料酒、胡椒粉搅匀成馅，挤成比苦瓜略大的丸子，入热油锅中稍炸捞出。

3. 苦瓜入盘平摆，将肉丸放在苦瓜上，上笼蒸熟，取出淋上步骤1中的味汁即可。

青豆粉蒸肉

原料 猪前排肉300克，青豌豆100克，蒸肉粉50克

调料 葱花、姜末、醪糟汁、胡椒粉、清汤、红油、植物油、酱油、豆瓣、甜酱、白糖、盐各适量

做法

1. 猪肉洗净，切成薄片。豆瓣剁细。青豌豆洗净入沸水锅中焯水，捞出沥干。

2. 将猪肉片加入所有调料调匀码味，再加入蒸肉粉，用清汤、油拌匀，装入蒸碗内，上面放入豌豆，上笼用旺火蒸1小时，待豆软肉粑时，取出扣于圆盘内，撒上葱花，淋红油即可。

白菊肉片

原料 猪瘦肉200克，杭白菊15克，红枣(去核)10个，山药200克，净丝瓜150克，玫瑰花瓣适量

调料 淀粉、清汤、料酒、盐各适量

做法

1. 山药去皮洗净，切段。丝瓜洗净，切条。红枣洗净。杭白菊、玫瑰花瓣分别洗净。

2. 将瘦肉洗净，切薄片，用盐、料酒、淀粉上浆，备用。

3. 锅内放清汤，用旺火烧开，放入肉片、山药段、丝瓜条、白菊、红枣煮15分钟，用盐调味，撒上玫瑰花瓣装盘即可。

肉蒸白菜卷

原料 猪肥瘦肉300克，大白菜叶200克，鸡蛋1个

调料 葱末、姜末、淀粉、胡椒粉、香油、料酒、盐各适量

做法

1. 大白菜叶洗净放入沸水锅中焯一下捞出，再放入冷水中过凉，捞出备用。

2. 猪肥瘦肉洗净，剁细成馅，加入葱姜末、料酒、盐、胡椒粉、鸡蛋、香油搅打上劲。烫好的大白菜叶摊开，包入搅好的猪肉馅成卷状，入旺火蒸5分钟，取出改刀装盘。

3. 锅置于旺火上，倒入滗出的汤汁，再加入清水、盐、用淀粉勾芡，浇在大白菜卷上即可。

（原料）猪肉300克，猪肥肉丁、白菜心各50克，海米、水发木耳各25克，鸡蛋1个

（调料）葱末、姜末、胡椒粉、料酒、盐、香菜段各适量

做法

1. 猪肉洗净，剁成泥，放入大碗中。

2. 将海米、木耳、白菜心分别洗净，剁成末，放入盛肉泥的大碗中，加入肥肉丁、葱末、姜末、盐、料酒、鸡蛋和少许胡椒粉搅匀成馅。

3. 搅好的肉馅团成丸子，放入平盘中，入笼蒸10分钟，撒上香菜段即可。

山东蒸丸子

猪肉

软炸里脊

猪肉

（原料）猪里脊肉200克，芝麻50克，鸡蛋清30克

（调料）淀粉、花生油、料酒、盐各适量

做法

1. 猪里脊肉洗净，切片，两面均匀剞十字花刀，再切条。取一碗放入鸡蛋清、淀粉搅匀成糊，备用。

2. 将里脊条放入碗中，加盐、料酒腌渍入味。

3. 锅内放入油，用中火烧至180℃时，将猪里脊肉逐片蘸上蛋糊，再裹满一层芝麻，放入油锅内炸透捞出，待油温升至200℃时，投入肉炸至呈深红色，捞出控净油，装盘即可。

美味肉串

猪肉

（原料）猪里脊肉250克，洋葱片、青椒片、红椒片各50克

（调料）葱末、姜末、蒜末、香菜籽粉、小茴香粉、沙姜粉、红辣椒油、花生油、酱油、料酒、盐各适量

做法

1. 猪里脊肉洗净，切片。将肉片、香菜籽粉、小茴香粉、沙姜粉、盐、料酒、酱油、葱末、姜末、蒜末加入少许油腌渍2个小时，备用。

2. 取竹签，将一片肉穿在上面，再穿一片洋葱和一片青红椒片，按顺序穿满竹签。

3. 锅入油烧热，放入肉串反复炸两遍，抹上红辣椒油，装盘即可。

干炒五花肉

猪肉

原料 五花肉500克，黄柿子椒、青椒、红椒各100克

调料 葱末、姜末、花生油、酱油、料酒、白糖、盐各适量

做法

1. 五花肉洗净，切片。青红椒洗净，切片。黄柿子椒洗净，切片。

2. 干锅置于火上，下入五花肉片，将肉中的油脂煸炒出来，盛出备用。

3. 锅入油烧至五成热，下入葱末、姜末炒香，再加入五花肉翻炒，烹入料酒、酱油，加盐、白糖调味，下入辣椒片，翻炒片刻即可出锅。

九味焦酥肉块

猪肉

原料 五花肉150克，面粉150克，鸡蛋1个

调料 葱段、姜丝、胡椒粉、淀粉、辣酱、花生油、香油、醋、盐各适量

做法

1. 猪五花肉洗净，入清水锅中煮熟，捞出切丝。鸡蛋、面粉、淀粉、清水调匀成糊，再放入五花肉丝、盐、胡椒粉搅成糊状，摊在抹有油的圆盘内。

2. 锅入油烧热，将热油轻轻淋在糊上，待定型后将肉糊滑入锅内，炸至呈金黄色，捞出沥干油，切条，摆入盘中。锅留底油，下入姜丝煸香，再加入盐、辣酱、醋炒匀，勾芡，淋香油，撒葱段即可。

油豆腐烧肉

猪肉

原料 五花肉500克，油豆腐200克

调料 葱花、蒜片、八角、豆豉、红辣椒末、花生油、酱油、生抽、蚝油、盐各适量

做法

1. 五花肉洗净，切块，汆烫后沥干水分，备用。

2. 锅入油烧热，放入蒜片、红辣椒末爆香，下入豆豉炒香，放入五花肉翻炒，淋少许酱油、生抽、蚝油炒匀，加入适量水、八角，旺火烧开转文火慢煮10分钟，加入切好的油豆腐，再煮10分钟，调入盐，旺火略收干汤汁，撒上葱花，出锅装盘即可。

原料 带皮的五花肉500克

调料 蒜末、香菜叶、干辣椒、蜂蜜、高汤、猪油、生抽、料酒、红糖、盐各适量

做法

1. 锅入清水，放入洗净的五花肉煮，水开后撇去血沫，关火，趁热用刀将肉皮上的杂物刮净，切成正方形块。

2. 锅入猪油加热，放入蒜末、干辣椒爆香，加红糖炒至溶化，倒入切好的肉块翻炒至表面呈粉红色，加入盐、生抽、料酒，倒入高汤烧开，改中火炖，用筷子能戳透时关火，淋上少许蜂蜜，出锅装入盘中，撒香菜叶点缀即可。

毛氏红烧肉

野山笋烧花肉

葱焖五花肉

原料 野山笋、五花肉各300克

调料 葱段、姜片、清汤、食用油、酱油、料酒、白糖、盐各适量

做法

1. 野山笋洗净，切成粗条。五花肉洗净，切成长条。

2. 锅入油烧热，放入葱段、姜片爆锅，放入五花肉煸炒断生，盛出备用。

3. 另起油锅，放入野山笋条，烹入料酒、酱油翻炒，下肉条，加少许清汤，用盐、白糖调味，旺火烧开，转文火烧至汤汁浓稠，撒上葱段，出锅装盘即可。

原料 五花肉500克，葱段50克

调料 姜片、花生油、酱油、料酒、白糖、盐各适量

做法

1. 五花肉洗净，切块。锅入油烧热，放入五花肉块煸炒，加入姜片、葱段、料酒、白糖、盐炒至肉断生，再煸炒一会儿，加入酱油，继续炒一会儿，关火。

2. 砂锅中先放一个竹箅子垫底，放上一半葱段，将炒好的肉倒在葱上面铺开，再将剩余的葱倒在肉上面，淋少许酱油，盖好砂锅盖，边沿用纱布包好，上灶焖至熟烂即可。

粉蒸肥肠

原料 肥肠300克，地瓜1个

调料 葱花、姜末、花椒粉、胡椒粉、蒸肉米粉、剁椒酱、香油、辣豆瓣酱、料酒、白糖、盐各适量

做法

1. 肥肠洗净，切段，加入葱花、姜末、辣豆瓣酱、剁椒酱、花椒粉、料酒、白糖、盐拌匀腌入味，腌渍20分钟，再加入蒸肉粉拌匀。

2. 地瓜洗净，去皮，切小块，平铺在笼屉上，肥肠均匀地盖在地瓜上，将腌肥肠调料撒上。

3. 将笼屉放在锅上蒸1小时，取出蒸肠上碟，淋香油，撒葱花、胡椒粉即可。

圆笼粉蒸肥肠

原料 鲜肥肠500克，蒸肉米粉150克

调料 葱花、姜片、蒜片、香菜碎、粽叶、八角、辣椒粉、花椒粉、植物油、生抽、料酒、白糖、盐各适量

做法

1. 肥肠清洗净，切成小段，加料酒、生抽、蒜片、葱花、姜片、盐、八角腌渍。将蒸肉粉、辣椒粉、花椒粉、白糖、油等加入腌渍好的肥肠中拌匀，使每个肥肠都能裹上米粉。

2. 在蒸笼里铺上一层粽叶，将肥肠平铺在粽叶上。上蒸笼，水开后改文火蒸约一个半小时即可。

3. 将蒸好的肥肠装入盘内，撒上少许葱花、香菜碎即可。

肥肠豆花

原料 肥肠300克，豆腐100克

调料 葱花、姜末、蒜末、豆瓣、剁椒、花椒粉、高汤、植物油、酱油、料酒、盐各适量

做法

1. 豆瓣剁成细蓉。豆腐洗净压碎。肥肠洗净，入锅，加水、料酒、姜末、蒜末、葱花煮熟，捞出晾凉，切长条。

2. 锅入油烧热，放入肠条煸炒，加花椒粉、姜末、葱花、盐、酱油炒香盛出。

3. 锅入油烧热，下入豆瓣蓉、剁椒炒出香味，加入高汤烧开，去除豆瓣，放入豆腐、肥肠条，煮至肥肠条熟软入味汁浓，撒上葱花即可。

原料 黄牛肉200克，芹菜100克，鸡蛋1个

调料 蒜末、小米辣椒、泡椒水、淀粉、植物油、香油、酱油、盐各适量

小炒黄牛肉 · 牛肉

做法

1. 黄牛肉去筋膜洗净，切成厚片，加酱油、盐、鸡蛋清、淀粉腌渍入味上浆。将小米辣椒、芹菜分别洗净均切成米粒状。

2. 锅入油烧热，放入牛肉炒至八成熟，出锅装入碗内。

3. 锅内放底油，下蒜末、小米辣椒、芹菜炒香，倒入泡椒水，放入牛肉，加盐翻炒均匀，淋香油，出锅装盘即可。

菠萝牛肉 · 牛肉

麻辣牛肉干 · 牛肉

原料 嫩牛肉250克，菠萝1/4个，水发木耳100克

调料 葱花、食用油、淀粉、酱油、料酒、白糖、盐各适量

做法

1. 牛肉洗净，切片，加料酒、酱油、白糖、淀粉腌20分钟。

2. 菠萝去皮，洗净，切成丁。木耳洗净，切片。

3. 锅入油烧热，爆炒牛肉后再加菠萝、木耳片翻炒，加入酱油、盐调味，待肉吸汁，淀粉勾芡，再加入葱花即可。

原料 新鲜牛肉500克

调料 葱段、姜末、干红辣椒段、孜然粉、花椒粉、胡椒粉、辣椒粉、淀粉、食用油、酱油、白酒、白糖、盐各适量

做法

1. 牛肉洗净，切片，放入大盆内，放入盐、孜然粉、花椒粉、胡椒粉、糖、辣椒粉、姜末、酱油、白酒，搅拌至味道充分渗透入肉片内，搁置半小时。

2. 腌渍好的牛肉片放入淀粉，搅拌均匀。

3. 锅入油烧热，放入牛肉片炸至水分基本炸干，捞出沥油。炒锅置火上，投入干红辣椒段爆香，加入牛肉片，撒上香葱段炒匀，调入适量盐即可。

仔姜炒牛肉 牛肉

原料 牛肉300克，仔姜40克，红尖椒2个

调料 酱油、食用油、盐各适量

做法

1. 仔姜洗净，切片。牛肉洗净，切块。辣椒洗净，切圈。

2. 锅内加水，烧开，放入牛肉氽断生，捞出，沥干，盛入大碗内，加盐、酱油腌渍至入味。

3. 锅入油烧热，下辣椒炒香，放入牛肉翻炒至发白，盛出。另起油锅，加仔姜炒匀，下牛肉煸炒至熟。炒熟后，加入盐、酱油炒匀调味，起锅装盘即可。

煎豆腐烧牛腩 牛肉

原料 牛肉300克，豆腐200克，芸豆适量

调料 姜片、蒜片、八角、豆豉、高汤、食用油、酱油、辣酱、料酒、盐各适量

做法

1. 牛肉洗净，切块，入沸水氽透，捞出控干。豆腐洗净，切块。芸豆去筋洗净，切段。

2. 油锅烧热，下八角、姜片、辣酱炒香，倒入牛肉、芸豆、料酒、水，旺火烧开，调入盐，移入高压锅烧15分钟。

3. 另起锅入油烧热，豆腐煎至金黄色，捞出。锅留底油烧热，下姜片、豆豉炒香，倒入高汤、牛肉、豆腐、蒜片、芸豆，加盐、酱油调味，烧至汤汁浓稠，出锅即可。

金针银丝肥牛 牛肉

原料 牛肉350克，金针菇、粉丝各100克

调料 葱花、泡椒、蒜蓉辣酱、食用油、盐、生抽各适量

做法

1. 金针菇去尾部，洗净，切段，下入粉丝一起煮，将煮好的金针菇、粉丝盛入器皿备用。牛肉洗净，将牛肉下沸水锅氽去血沫捞出，切片。

2. 锅入油烧热，下入葱花煸香，倒入蒜蓉辣酱翻炒，再将泡椒连同泡椒水下入锅中，点几滴生抽继续翻炒。

3. 将牛肉片倒入锅中，倒入清水焖1~3分钟，加盐调味，把焖好的牛肉盛入金针菇和粉丝中，撒上葱花，淋上热油即可。

原料 牛肉、土豆各150克，蒜薹80克

调料 辣椒片、盐、酱油、食用油各适量

做法

1. 牛肉、土豆洗净切块；蒜薹洗净，切段。

2. 油烧热，入肥牛肉煸炒后捞出。

3. 锅内留油，加土豆炒熟，入牛肉、辣椒片、蒜薹炒香，下盐、酱油调味，盛盘即可。

土豆烧牛肉 牛肉

清蒸牛肉片 牛肉

原料 牛里脊肉150克

调料 葱花、姜末、清汤、香油、酱油、料酒、盐各适量

做法

1. 牛里脊肉洗净，切成片，整齐地码在碗内。

2. 将牛肉片用盐、料酒、酱油、姜末腌至入味。

3. 牛里脊肉碗内放入酱油、料酒、盐、葱花、姜末、清汤，上屉蒸30分钟左右，取出，挑出葱花、姜末，扣入汤盘内，撒上葱花，淋入香油即可。

原笼牛肉 牛肉

原料 牛肉600克，红心地瓜100克，蒸肉粉200克

调料 葱花、姜末、香菜末、花椒粉、高汤、香油、植物油、酱油、豆瓣酱、甜面酱、白糖各适量

做法

1. 牛肉洗净，切成薄片。地瓜洗净，去皮切小块。将牛肉用豆瓣酱、甜面酱、酱油、白糖、植物油、姜末、花椒粉腌20分钟，加入高汤将牛肉浸透，再蘸上蒸肉粉。

2. 将地瓜块放在剩余的调料中浸泡片刻，铺在小蒸笼的笼底，放上肉片，用旺火蒸40分钟。

3. 上桌前将香油烧滚，加入葱花、香菜末，立即停火，淋在肉片上即可。

榨菜蒸牛肉

原料 牛肉300克，榨菜100克

调料 姜丝、胡椒粉、淀粉、红糖、食用油、酱油、白糖各适量

做法

1. 牛肉、榨菜分别洗净，切片备用。

2. 牛肉片加酱油、红糖、淀粉、食用油、胡椒粉拌匀，腌渍10分钟。

3. 将榨菜片加入少许白糖拌匀，铺在盘中，上面放牛肉片，入蒸锅蒸15分钟，将牛肉蒸熟透，撒上姜丝装盘即可。

辣蒸萝卜牛肉丝

原料 牛上里脊肉350克，白萝卜100克

调料 葱花、姜末、蒜末、胡椒粉、辣椒粉、米粉、食用油、老抽、生抽、黄酒、白糖、盐各适量

做法

1. 牛上里脊肉洗净，切丝。白萝卜洗净，切丝。将牛肉加盐、老抽、生抽、白糖、黄酒、胡椒粉、油腌20分钟。白萝卜丝用盐腌片刻，挤出水。

2. 将腌好的肉丝、姜末、蒜末和白萝卜丝拌在一起，倒入米粉、辣椒粉拌匀。

3. 蒸锅烧开，铺上屉布，把肉丝、萝卜丝顺蒸锅内壁围一圈，盖上屉布，旺火蒸30分钟，倒进碗里，撒上葱花即可。

水煮牛肉

原料 牛颈肉400克，芹菜、青蒜、豌豆尖各50克

调料 葱段、姜末、蒜末、花椒、豆瓣酱、干辣椒、胡椒粉、淀粉、食用油、香油、酱油、高汤、料酒、盐各适量

做法

1. 芹菜、青蒜洗净，切段。豌豆尖洗净。牛肉洗净，切片，用盐、料酒、酱油、淀粉腌入味。

2. 将干辣椒、花椒炸至棕红色，捞出剁细。

3. 锅入油烧热，放入豆瓣酱炒香，捞去豆瓣渣，加高汤，放入牛肉片、葱段、姜末、蒜末、青蒜段、芹菜段、豌豆尖煮，加入盐、料酒、胡椒粉、酱油，肉片将熟时，淀粉勾芡，撒上辣椒末、花椒末，淋上香油即可。

原料 牛通脊300克，彩椒、菠萝各50克，鸡蛋1个

调料 柠檬汁、熟松仁、淀粉、番茄酱、食用油、料酒、醋、白糖、盐各适量

做法

1. 牛通脊剔去筋膜，切成细条，洗净，沥干放入盆中，加鸡蛋、水、淀粉、盐搅匀浆好。彩椒、菠萝分别洗净，切片。

2. 锅入油烧热，放牛柳，再上旺火炸熟，倒入漏勺控油。

3. 锅留底油烧热，放番茄酱、料酒、柠檬汁、醋、水、盐、白糖、淀粉水烧至浓稠，放牛柳炒断生，盛出。另起油锅，下彩椒片、松仁、菠萝片炒匀，下牛柳翻炒使汁包在料上，出锅即可。

果汁牛柳 牛肉

糯米蒸牛肉 牛肉

农家大片牛肉 牛肉

原料 牛胸肉300克，糯米100克

调料 香料包、胡椒粉、淀粉、花椒油、生抽、鸡精、盐各适量

做法

1. 牛胸肉洗净，放入清水锅中，加香料包、盐、生抽，加热，煮至八成熟取出，切厚片备用。

2. 糯米洗净，用温水泡2~3小时，捞出控干水分，用盐、胡椒粉、鸡精、花椒油拌匀。

3. 将牛胸肉裹匀淀粉、糯米，放入蒸锅中，旺火蒸45分钟，装盘，浇上热油即可。

原料 牛肉300克，泡粉丝100克

调料 姜丝、葱末、辣椒碎、熟白芝麻、淀粉、食用油、酱油、盐各适量

做法

1. 牛肉洗净，切薄片，加盐、淀粉上浆，入热油锅中滑熟捞出。

2. 锅入油烧热，入姜丝、辣椒碎爆香，加入牛肉片放入水、盐、酱油调味。

3. 把粉丝放入调好味的牛肉中，盖上锅盖，焖至牛肉熟烂，出锅撒葱末和熟芝麻即可食用。

竹笋烧牛腩

原料 牛腩400克，竹笋200克

调料 葱段、姜片、豆瓣辣酱、淀粉、花生油、高汤、料酒、白糖、盐各适量

做法

1. 牛腩洗净，切成小块。竹笋洗净，切段。

2. 将牛腩块，拌入适量姜片、淀粉、料酒、盐腌渍15分钟。

3. 锅内加少许油烧热，放入辣豆瓣、料酒、姜片、葱段炒香，下入牛腩块文火煸炒至水分干，加高汤旺火烧沸，撇去浮沫，改用文火煨20分钟。

4. 放入竹笋再煮10分钟，加白糖、盐，用淀粉勾芡，装盘即可。

白辣椒炒脆牛肚

原料 熟牛肚400克，白辣椒100克，红尖椒50克

调料 葱段、姜片、蒜片、生抽、白糖、盐各适量

做法

1. 熟牛肚洗净改条，余水冲凉控水。白辣椒洗净，切条。红尖椒洗净，切圈。

2. 将牛肚用盐、生抽腌渍15分钟。

3. 锅中加油烧热，放葱段、姜片、蒜片爆香，放入牛肚条炒断生，盛盘。另起油锅，下红尖椒圈、白辣椒条，煸炒断生，加入盐、生抽、白糖翻炒均匀，放入牛肚条，炒匀出锅即可。

茶树菇炒牛肚

原料 熟牛肚、茶树菇各200克，青尖椒条、红尖椒条各10克

调料 葱片、姜片、蒜片、辣椒酱、花生油、辣油、生抽、白糖、盐各适量

做法

1. 茶树菇洗净，切段，入油锅中炸制呈金黄色捞出控油。熟牛肚切条，余水冲凉沥水。

2. 锅中加油烧热，放葱片、姜片、蒜片、辣椒酱爆香，放入牛肚条炒断生，盛盘。

3. 另起油锅下茶树菇、青红尖椒条翻炒几下，下牛肚条再放入生抽、盐、白糖炒匀，淋辣椒油出锅即可。

原料 牛肚200克，油面筋、香菇各100克

调料 葱段、姜片、蒜片、香菜段、红尖椒片、花生油、盐各适量

做法

1. 油面筋洗净对切。香菇洗净，切片。牛肚洗净，煲烂，切片。

2. 牛肚用盐、姜片、蒜片腌渍15分钟。

3. 锅入油烧热，将牛肚入油锅中滑熟，盛盘。

4. 另起锅入油烧热，放入姜片、蒜片、葱段、红尖椒片爆香，放入油面筋、牛肚、香菇，加入盐炒熟，撒上香菜段即可。

油面筋炒牛肚 牛肚

豆豉牛肚 牛肚

原料 牛肚400克，豆豉200克

调料 葱段、姜块、甜椒丝、淀粉、植物油、红油、酱油、料酒、白糖、盐各适量

做法

1. 牛肚洗净，切块。

2. 牛肚用盐、酱油、料酒、姜块腌渍15分钟，用淀粉上浆。

3. 把牛肚、料酒、葱段、姜块同放至沸水中稍煮，捞出切片。

4. 锅入油烧热，放豆豉，加盐、白糖、酱油、红油炒好，淋在牛肚上，撒上葱白和甜椒丝即可。

红烧牛尾 牛尾

原料 牛尾300克，冻豆腐、白菜、粉条各100克

调料 葱段、姜片、香菜末、肉汤、花生油、酱油、蚝油、盐各适量

做法

1. 牛尾洗净剁段，入沸水汆去血污。冻豆腐挤去水分，洗净切块。白菜洗净，切成小块。粉条泡软，截成段。

2. 锅入油烧热，下入葱段、姜片爆锅，放入牛尾段煸炒，加肉汤、酱油、蚝油烧开，文火炖约20分钟，加入冻豆腐、白菜块、粉条炖至菜熟烂，加盐，撒香菜末出锅即可。

川香羊排

原料 羊排650克，烟笋20克

调料 葱段、辣椒段、八角、桂皮、熟芝麻、豆瓣酱、高汤、食用油、酱油、料酒、盐各适量

做法

1. 羊排洗净，砍成小块，入锅，加水、八角、桂皮煮烂，捞出。烟笋泡发后洗净切成小条。

2. 锅入油烧热，下葱段爆香，加羊排炒断生，盛盘，备用。

3. 锅入油烧热，下豆瓣酱、辣椒段炒香，下烟笋略炒，再加入羊排，烹入料酒炒香，加入高汤，烧至肉烂加盐、酱油炒匀，撒上芝麻，出锅即可。

红焖羊排

原料 羊排500克

调料 葱末、姜末、蒜瓣、胡椒粉、八角、香叶、桂皮、花椒、沙姜、香油、酱油、植物油、白糖、盐各适量

做法

1. 羊排洗净，剁成段，入沸水中氽去血水，捞出沥干。

2. 坐锅点火，加油烧热，下入葱末、姜末炒香，倒入羊排，加入酱油煸炒5分钟，添入适量清水，加八角、盐、花椒、沙姜、香叶、桂皮、白糖、胡椒粉、蒜瓣，盖上盖，旺火烧沸转中火焖烧，待羊排熟烂入味后，留少量味汁，淋入香油即可。

粉皮羊肉

原料 羊肉250克，水发粉皮150克

调料 葱段、姜块、剁椒酱、植物油、老抽、料酒、盐各适量

做法

1. 羊肉剁成小段，氽水后洗净。粉皮洗净切条。

2. 将羊肉用盐、料酒、姜块腌渍15分钟。

3. 锅中加油烧热，加剁椒酱炒香，加入料酒、姜块、葱段煮沸，撇去浮沫，放入羊肉，加适量老抽，盖上盖子，旺火烧沸，转中火焖至肉烂，再加入粉皮炖10分钟，加盐调味，出锅时撒葱段即可。

原料 羊腿肉400克，大米粉150克

调料 葱丝、姜末、香菜段、胡椒粉、辣豆酱、茴香籽、八角、草果、香油、花椒油、辣椒油、料酒、盐各适量

做法

1. 羊肉洗净，切成薄片，放入葱丝、料酒、姜末、盐拌匀，腌渍10分钟。

2. 把大米粉、八角、茴香籽、草果放入锅内炒香，倒出压碎，再将辣豆酱炒出香味，加少量水，放入压碎的大米粉，拌匀装盆，上笼用旺火蒸5分钟后取出。

3. 将腌好的羊肉片加胡椒粉、花椒油、辣椒油和蒸好的大米粉拌匀，上笼蒸20分钟，取出放香菜段，淋香油即可。

粉蒸羊肉 羊腿

烧羊蹄 羊蹄

玫瑰花烤羊心 羊心

原料 生羊蹄1000克

调料 葱花、姜片、八角、淀粉、食用油、酱油、料酒、盐各适量

做法

1. 羊蹄洗净，用沸水煮熟，捞出晾凉，去骨头。

2. 将羊蹄放入锅内，再放入葱段、姜片煮5分钟，捞出备用。

3. 锅内油烧热，放入八角、葱段、姜片炝锅，烹入酱油、料酒和适量清水，放入羊蹄，文火慢烧入味，加入盐调味，加淀粉勾芡，出锅装盘撒上葱花即可。

原料 羊心150克，鲜玫瑰花50克

调料 葱段、姜片、蒜片、辣椒面、孜然、酱油、盐各适量

做法

1. 鲜玫瑰花洗净放入锅中，加入盐和适量水煮10分钟，晾凉成玫瑰盐水。

2. 羊心洗净，切成长块，串在烤签或竹签上。

3. 羊心块用盐、酱油、蒜片、姜片、葱段腌渍15分钟。

4. 边烤边蘸玫瑰盐水，反复在明火上烤炙，撒辣椒面、孜然，烤熟即可食用。

干锅兔

原料 兔肉300克，竹笋、莲藕、鲜蚕豆各50克

调料 葱段、姜片、蒜片、干花椒、干辣椒、辣椒面、花椒粉、孜然粉、花生油、生抽、料酒、白糖、盐各适量

做法

1. 兔肉洗净，切块，余断生。竹笋去皮，洗净，切片。莲藕去皮，洗净，切片。鲜蚕豆洗净，入沸水中煮熟。

2. 油锅加热，放入白糖炒至溶化出糖色，待糖色起泡时将兔肉、葱段、姜片、蒜片、料酒下锅煸炒上色，盛盘。

3. 另起油锅，下干辣椒、干花椒炒香，入竹笋片、莲藕片、蚕豆炒断生，加入兔肉，调入生抽、盐炒熟，加辣椒面、花椒粉、孜然粉炒匀即可。

冬笋烧兔肉

原料 兔肉250克，冬笋100克，虾子50克

调料 胡椒粉、水淀粉、上汤、花生油、香油、绍酒、酱油、盐各适量

做法

1. 兔肉洗净，斩件。冬笋洗净，切片。

2. 净锅置旺火上，加入油烧至四成热，先放入兔肉煸炒至变色，再放入虾子、冬笋片翻炒均匀，烹入绍酒，加入盐、酱油调好口味，撒入胡椒粉调匀。添上汤烧沸，盖上盖，旺火烧开，转文火焖透。用水淀粉勾薄芡，淋入香油翻炒均匀，即可出锅装盘。

葱椒烧兔肉

原料 净兔肉400克

调料 葱末、姜片、泡红辣椒末、醪糟汁、鲜汤、花生油、香油、酱油、醋、盐各适量

做法

1. 将兔肉洗净，切成方块，入锅余去血水，捞出沥水。再入七成热油锅中炸至呈浅黄色，捞出备用。

2. 锅入油烧至八成热，浇在泡红辣椒末、葱末上，再加香油，调成葱椒味汁。

3. 锅留底油烧热，爆葱末、姜片，放兔块、醪糟汁、醋、酱油、盐，加鲜汤，用文火烧至汤浓时，出锅装盘，淋葱椒味汁即可。

原料 净仔鸡1只，青椒片35克

调料 蒜末、水淀粉、花生油、酱油、醋、白糖、盐各适量

做法

1. 仔鸡洗净，切块，鸡胗、鸡肝洗净，切成小块，用酱油、水淀粉浆拌好。碗中放入酱油、醋、白糖、水淀粉，调成卤汁。

2. 锅入油烧热，将鸡肉、鸡胗、鸡肝入锅炸至呈金黄色捞起。待油温烧至八成热，再下锅复炸至呈金红色，倒入漏勺沥去油。锅留余油，放入蒜末、青辣椒片煸香，倒入卤汁烧开，放入鸡肉和鸡胗、鸡肝，将锅颠翻几下，调入盐，起锅装盘即可。

炸熘仔鸡 〔鸡肉〕

芋头烧仔鸡 〔鸡肉〕

原料 芋头300克，净仔鸡500克，高汤100克

调料 葱花、姜末、蒜末、干辣椒段、花椒、豆瓣、剁椒、花生油、香油、酱油、绍酒、白糖、盐各适量

做法

1. 芋头去皮洗净，切块，煮熟。鸡肉洗净，切块。

2. 锅入油烧至五成热，放入白糖用文火炒至变色，下入剁椒、姜末、蒜末、豆瓣、干辣椒段、花椒炒香，放入鸡块。炒至上色，再继续煸炒出水分，调入绍酒、酱油、盐，添入高汤，用旺火烧沸。

3. 盖上盖，转文火烧焖10分钟，放入煮好的芋头烧入味，淋入香油，出锅装盘，再撒上葱花即可。

浏阳河鸡 〔鸡肉〕

原料 土公鸡750克，黄芪10克，干紫苏梗30克

调料 姜片、香菜段、鲜汤、花生油、白酒、盐各适量

做法

1. 土公鸡洗净，剁成方块。其余原料洗净。

2. 锅入油烧热，下入姜片煸香，再放入土公鸡用旺火煸炒，烹入白酒，放黄芪、干紫苏梗翻炒，加入鲜汤、盐，烧开后撇去浮沫，倒入砂锅内用文火烧20分钟至鸡肉软烂，拣出黄芪、干紫苏梗，倒入锅内，用旺火收干汤汁，撒上香菜段，拌匀装盘即可。

黄焖鸡块

原料 嫩净鸡1只，冬笋50克，水发香菇25克

调料 葱段、姜片、八角、高汤、葱油、植物油、酱油、料酒、白糖、盐各适量

做法

1. 鸡洗净，去头、爪，剁成块。冬笋去皮洗净，香菇洗净，切厚片。

2. 锅入油烧热，放入鸡块，炸至呈金黄色，捞出控油。

3. 锅内留油烧热，放入葱段、姜片炸出香味，加高汤、鸡块、料酒、酱油、盐、白糖、八角急火烧开，打去浮沫，盖锅盖，微火焖至鸡块熟烂，去掉葱段、姜片，加香菇、冬笋、盐、葱油焖熟收汁即可。

炸八块

原料 净嫩仔鸡1只，花生米50克，鸡蛋1个

调料 葱花、姜片、香菜、花椒、花椒粉、淀粉、香油、花生油、料酒、白糖、盐各适量

做法

1. 花生米洗净用盐炒熟，去皮剁碎，备用。

2. 将鸡肉洗净去骨，用刀背捶松，砍成肉块，用料酒、盐、白糖、葱花、姜片、花椒腌1小时，挑去花椒、葱花和姜片，再用蛋清、淀粉浆好，裹上碎花生米。

3. 锅入花生油烧沸，放入鸡块炸一下捞出，待油锅中水分烧干时，再下入油锅炸焦酥呈金黄色，滗去油，撒花椒粉、葱花，淋香油，摆入盘中，香菜拼边即可。

珍珠酥皮鸡

原料 净鸡1只(童仔鸡800克)，椰丝适量

调料 葱段、姜块、八角、淀粉、花生油、饴糖、酒、盐各适量

做法

1. 光鸡洗净剁块，入沸水锅中汆水，加入葱段、姜块、料酒、八角、盐旺火煮开，撇去浮沫，加盖转文火烧半小时，捞出沥干，抹上饴糖晾干。

2. 鸡肉加葱段、姜块、料酒、八角、盐腌15分钟，再用淀粉上浆，备用。

3. 锅入油烧至八成热，投入鸡块炸至金黄色，捞出沥油，将鸡肉片入盘中，撒上椰丝即可。

原料 净鸡300克，剁辣椒75克

调料 葱丝、姜末、蒜末、植物油、蚝油、红油、香油、料酒、白糖、盐各适量

做法

1. 净鸡洗净砍成方块，加料酒、盐、姜末，腌渍20分钟。

2. 将剁辣椒盛入碗中，放油、蚝油、白糖、盐、红油，加入姜末、蒜末，一起拌匀后放入鸡块再次拌匀，使剁辣椒都粘在鸡块上，上笼蒸15分钟至鸡块酥烂后取出，淋香油，撒葱丝即可。

剁辣椒蒸鸡 鸡肉

豆豉辣椒蒸鸡 鸡肉

原料 净带骨白条鸡500克，豆豉、辣椒各30克

调料 葱花、生粉、蚝油、料酒、盐各适量

做法

1. 鸡肉洗净将一面用刀背捶松，划开腿肉，把鸡肉切成方块，用盐、料酒腌15分钟，拌生粉。

2. 辣椒洗净剁细末。

3. 将鸡块拌入盐、料酒、蚝油，扣入蒸钵中，将豆豉、辣椒末撒在鸡块上，上笼蒸25分钟至熟后，撒葱花即可。

红火蒸鸡 鸡肉

原料 熟公鸡半只，香菇100克

调料 葱段、姜片、泡红辣椒末、花椒、醪糟、红枣、胡椒粉、淀粉、鸡汤、酱油、植物油、白糖、盐各适量

做法

1. 熟鸡斩成条状，将鸡皮朝下整齐放入蒸碗。香菇洗净，切片，放鸡块上，淋上事前用姜片、葱段、花椒、醪糟、红枣、胡椒粉、白糖、酱油、鸡汤、盐调好的味汁。

2. 将鸡肉放入笼屉旺火蒸15分钟左右后取出翻扣在菜盘中。

3. 锅入油烧热，加泡红辣椒末、姜片、葱段炒出香味，加鸡汤、淀粉勾芡，浇于鸡块上即可。

豆仔蒸滑鸡 鸡肉

原料 净土鸡400克，土豆100克

调料 姜片、青椒丝、红椒丝、大米粉、豆瓣酱、胡椒粉、食用油、老抽、盐各适量

做法

1. 土鸡洗净，剁成小块。用姜片、盐、老抽腌渍片刻。土豆洗净，去皮，切成滚刀块。

2. 将土豆和鸡块一起放在一个大容器里，加上豆瓣酱、大米粉和少量油拌匀。蒸锅加水烧热，将土豆铺在蒸格上，鸡块铺在土豆上面，蒸50分钟。

3. 将鸡块拣出，铺在碗底，土豆铺在上面，扣在盘子里，撒上少量的胡椒粉和青、红椒丝即可。

鲜蘑蒸土鸡 鸡肉

原料 净土鸡500克，金针菇200克

调料 葱段、姜片、淀粉、食用油、生抽、料酒、白糖、盐各适量

做法

1. 把鸡洗净，剁成块。金针菇洗净，去根。

2. 用盐、糖和料酒把土鸡块腌入味，加淀粉、油拌匀放入碗中。

3. 锅内加水烧开，放盐、料酒、生抽搅匀，用淀粉勾薄芡，待芡汁成熟透亮后盛出备用。

4. 将金针菇放在鸡块上，加葱段、姜片，上蒸锅旺火蒸30分钟，淋上芡汁即可。

红蒸酥鸡 鸡肉

原料 净母鸡300克，荸荠、水发木耳各100克

调料 葱段、姜片、胡椒粉、小麦面粉、淀粉、蛋液、鸡汤、黄酒、植物油、熟猪油、酱油、盐各适量

做法

1. 母鸡洗净，切块，盛入钵内，放盐腌。蛋液放入小麦面粉内拌匀，将鸡块上浆。荸荠去皮洗净，切片。木耳洗净，切片。

2. 油锅烧热，将鸡块炸5分钟，捞出，码碗内，加鸡汤、盐、姜片、葱段，入蒸屉蒸1小时，滗汤汁。

3. 锅入熟猪油、蒸汁略烧，下荸荠片、黑木耳、酱油、黄酒烹烧，淀粉勾芡，浇在鸡块上，撒胡椒粉即可。

原料 净鸡500克

调料 葱段、姜段、鲜花椒、香油、酱油、醋、盐各适量

鲜花椒蒸鸡   鸡肉

做法

1. 鸡洗净，斩块，入锅中水煮至半熟，盛入碗中。

2. 将鸡块用盐、酱油腌15分钟至入味。

3. 将香油倒入锅中，置火上，下花椒稍炸，变色后倒入盛鸡块的碗中，加酱油、醋、盐调匀。

4. 将姜段、葱段放在鸡块上，上笼蒸熟即可。

瓜盅粉蒸鸡   鸡肉

原料 净鸡500克，南瓜200克，糯米100克

调料 葱花、八角、茴香籽、白酒、植物油、酱油、盐各适量

做法

1. 南瓜切下带蒂的一头为瓜盖，去除内瓤，成为容器，洗净。

2. 净鸡肉洗净，带骨斩成块，放入瓷盆，加入盐、酱油、白酒、葱花、八角、茴香籽腌3小时。

3. 糯米炒香，碾成粗粉，拌在鸡块上，再加熟油拌匀，上笼用旺火蒸熟。

4. 取出鸡肉放入南瓜盅内，上笼蒸15分钟即可。

干锅酥鸡   鸡肉

原料 净鸡750克，鸡蛋4个

调料 姜汁、卤料包、面粉、淀粉、花椒盐、食用油、料酒、盐各适量

做法

1. 鸡肉洗净切块，放在水中，加卤料包煮至七八成熟，捞出去骨，放在平盘内，加入姜汁、料酒、盐，再上蒸锅蒸熟取出，两面蘸上面粉备用。

2. 把鸡蛋打散，加入盐、淀粉、料酒调制成鸡蛋糊备用。

3. 锅入油烧至五六成热，将裹好面粉的鸡肉蘸上鸡蛋糊逐块放入油锅中，炸至熟透后捞出，控去油，食时蘸花椒盐。

辣子鸡 鸡肉

原料 净鸡肉150克，莲藕100克

调料 葱段、蒜片、干椒段、香辣酱、淀粉、红油、香油、植物油、酱油、蚝油、醋、料酒、盐各适量

做法

1. 鸡肉洗净，切丁，装入碗中，放酱油、盐、淀粉上浆抓匀，腌15分钟。莲藕去皮洗净切丁。

2. 锅入油烧热，下入鸡丁过油，用漏勺捞出，将油继续烧热，放入鸡丁炸至呈金黄色，倒入漏勺中沥油。

3. 锅留底油，放红油、干椒段、蒜片、香辣酱炒香，下入鸡丁、莲藕丁炒匀，烹料酒，放醋、盐、蚝油拌炒入味，用淀粉勾芡，淋香油，出锅装盘，撒上葱段即可。

栗子炒鸡 鸡肉

原料 净嫩鸡肉250克，熟栗子200克

调料 葱段、姜片、蒜末、胡椒粉、淀粉、香油、植物油、蚝油、酱油、料酒、白糖、盐各适量

做法

1. 嫩鸡肉洗净，切块，放入碗中，加入盐搅拌略腌，用淀粉上浆。

2. 锅入油烧热，放入熟栗子炸至呈金黄色，捞出沥油。将锅入油烧热，放入浆好的鸡肉块炸熟，捞出沥油。

3. 锅留余油烧热，放入葱段、姜片、蒜末爆锅，倒入鸡肉块和栗子，烹入料酒，加白糖、盐、蚝油、酱油炒匀，加入胡椒粉，用淀粉勾芡，淋香油出锅即可。

萝卜炒鸡丁 鸡肉

原料 鸡脯肉400克，酸萝卜100克

调料 姜丝、香菜段、剁椒、淀粉、食用油、料酒、盐各适量

做法

1. 将鸡脯肉洗净，切丁，用淀粉、料酒、盐腌渍片刻。酸萝卜洗净，切丁。

2. 油锅加热，下姜丝爆香，放入鸡丁炒熟，盛盘。

3. 另起油锅，加剁椒炒香，放酸萝卜煸炒断生，加入鸡丁，调入适量盐，出锅装盘撒上香菜段即可。

风沙脆鸡丁

原料 鸡丁300克，面包渣100克

调料 葱段、蒜片、青椒圈、红小米椒圈、蛋清、食用油、生抽、料酒、白糖、盐各适量

做法

1. 鸡丁洗净，入沸水中余一下，捞出沥干，装入碗内。

2. 将鸡丁加盐、料酒、白糖、生抽腌至入味，裹匀蛋清，裹面包渣。

3. 锅置火上倒油烧热，下入鸡丁炸香，捞出沥油。

4. 锅留底油，下入葱段及青椒圈、红小米椒圈、蒜片煸香，下入鸡丁炒熟，调入适量盐炒匀，出锅装盘即可。

干茄子焖鸡片

原料 鸡片200克，水发干茄子150克，红椒、青椒各10克

调料 姜片、豆豉、辣妹子辣酱、淀粉、清汤、食用油、生抽、盐各适量

做法

1. 水发干茄子洗净改刀切成小片。青、红椒洗净，切菱形片，分别焯水。

2. 鸡片洗净，入沸水中余至断生。

3. 鸡片用盐、生抽、淀粉拌匀腌15分钟。

4. 锅入油烧热，下姜片、豆豉、辣妹子辣酱、干茄子炒香，加适量清汤，改文火焖至茄子松软，下鸡片、青椒片、红椒片，加盐、生抽调味，翻锅收汁即可。

腊肉蒸鸡块

原料 鸡块250克，熟腊肉150克

调料 葱花、姜末、蒜末、豆豉、干椒末、剁椒、食用油、蚝油、盐各适量

做法

1. 鸡块洗净，放入沸水锅中余水，捞出沥干。腊肉切成厚片。

2. 锅入油烧热，下姜末、干椒末、豆豉、蒜末、盐，放蚝油，炒匀后下鸡块，再炒匀后扣入钵中。

3. 将腊肉片盖在鸡块上面，放剁椒，上笼蒸30分钟至腊肉透油、鸡块酥烂后取出，撒葱花即可。

粉蒸嫩鸡

原料 鸡肉300克，糯米粉100克

调料 葱末、姜末、胡椒粉、淀粉、食用油、酱油、江米酒、盐各适量

做法

1. 鸡肉洗净，用刀面把肉拍松，切块。

2. 将鸡肉块装在碗内，加上江米酒、姜葱末、盐、酱油、食用油、胡椒粉拌匀，腌2个小时，使其入味，拌入淀粉搅匀。

3. 取大蒸碗一个，用糯米粉垫底，倒入腌好的鸡肉块，上蒸笼用旺火蒸1个小时，蒸至酥熟，取出即可。

红枣香菇蒸鸡肉

原料 鸡肉300克，水发香菇50克，红枣5颗

调料 葱花、姜末、淀粉、食用油、料酒、白糖、盐各适量

做法

1. 红枣洗净，去核，放在蒸碗底部。

2. 鸡肉洗净，切丁。

3. 将鸡肉用姜末、盐、料酒腌入味，用淀粉拌匀，放在红枣上。

4. 将水发香菇洗净，切丁，铺在鸡肉上，放入姜末、葱花、盐、料酒、食用油、白糖，隔水蒸熟，出锅装盘即可。

双耳蒸花椒鸡

原料 鸡肉500克，水发银耳、水发木耳各100克

调料 葱花、鲜花椒粒、甜椒粒、淀粉、香油、植物油、酱油、盐各适量

做法

1. 鸡肉洗净，切段，加盐、酱油、淀粉拌匀腌渍片刻。

2. 水发银耳和水发木耳去根，洗净撕成片状，入沸水焯一下，摆在盘中。

3. 将鸡肉放入双耳上，加鲜花椒粒，调入盐、植物油拌匀，上蒸笼蒸熟，撒上甜椒粒、葱花，淋香油，出锅装盘即可。

原料 鸡肉400克，美人椒100克

调料 葱段、姜片、淀粉、植物油、熟鸡油、酱油、料酒、白糖、盐各适量

做法

1. 美人椒洗净，切碎，放入碗中，备用。

2. 鸡肉洗净，切小块，拌入盐、料酒腌入味，加入淀粉拌匀。

3. 将鸡肉加入美人椒、盐、酱油、料酒、白糖、植物油、熟鸡油、水淀粉、葱段、姜片拌匀，上屉用旺火蒸20分钟，取出，拣去葱段、姜片，盛入盘中即可。

美人椒蒸鸡 鸡肉

蒜黄炒鸡丝 鸡肉

西蓝花炒鸡丁 鸡肉

原料 鸡脯肉300克，蒜黄200克

调料 葱丝、姜丝、胡椒粉、蛋清、淀粉、食用油、料酒、盐各适量

做法

1. 鸡脯肉洗净，切成细丝，加盐、蛋清、胡椒粉、料酒、淀粉抓匀上浆，放温油锅中划散滑熟，捞出，控油备用。

2. 将蒜黄洗净，切成长段。

3. 锅入油烧热，放入葱姜丝、料酒爆锅，放入蒜黄翻炒出香味，倒入鸡丝，用盐、胡椒粉调味，旺火翻炒均匀出锅即可。

原料 鸡脯肉250克，西蓝花150克，胡萝卜1根、青豆20克

调料 蒜末、淀粉、植物油、香油、生抽、白糖、盐各适量

做法

1. 鸡脯肉洗净，切成方丁，放入碗中，加入白糖、淀粉、生抽拌匀至入味。

2. 西蓝花洗净，掰成小朵，用沸水焯烫后捞出。

3. 胡萝卜洗净，切丁。青豆洗净，入沸水中焯断生。

4. 锅入油烧热，加入蒜末微炒，倒入鸡丁炒香盛盘。

5. 另起油锅，下西蓝花、胡萝卜丁、青豆煸炒断生，下鸡丁，调入盐、白糖、生抽炒熟，淋入香油，出锅装盘即可。

针菇鸡丝

鸡肉

原料 鸡脯肉400克，袋装金针菇150克，胡萝卜100克

调料 葱丝、姜丝、胡椒粉、淀粉、蛋清、花生油、料酒、盐各适量

做法

1. 鸡脯肉洗净，切丝，放入碗中，加入盐、胡椒粉、蛋清、淀粉抓匀上浆，放温油锅中滑熟，倒出控油，备用。

2. 将金针菇去根洗净，用沸水烫一下捞出，控水备用；胡萝卜洗净，去皮，切丝。

3. 锅中留油烧热，放入葱丝、姜丝、料酒炝锅，放入金针菇、胡萝卜丝、鸡肉丝翻炒，用盐、胡椒粉调味，翻炒均匀出锅即可。

凤脯炒年糕

鸡肉

原料 鸡脯肉、年糕片各200克，彩椒50克，水发黑木耳10克

调料 葱段、姜片、柠檬汁、鸡蛋、团粉、淀粉、花生油、料酒、白糖、盐各适量

做法

1. 鸡脯肉洗净，切片，放入盆中，加鸡蛋、水、盐、团粉浆好。彩椒洗净，切块。黑木耳洗净，撕片。

2. 锅入油烧热，下鸡片拨散滑熟，捞出。放年糕滑油，捞出控油。

3. 锅留少许底油烧热，用葱段、姜片炝锅，放鸡片、年糕、彩椒、黑木耳翻炒均匀，调入盐、料酒、柠檬汁、白糖炒熟，淀粉勾薄芡，淋明油，出锅装盘即可食用。

剁椒炒鸡丁

鸡肉

原料 鸡脯肉300克，青辣椒50克

调料 葱末、姜末、蒜末、香菜段、剁椒、植物油、料酒、盐各适量

做法

1. 鸡脯肉洗净，切丁。青椒洗净，切成小片。

2. 锅入油烧热，放入葱末、姜末、蒜末爆香，加入鸡丁煸炒断生，出锅装盘。

3. 另起油锅，加剁椒炒出红油，下青椒片煸炒断生，加鸡丁炒匀，调入盐、料酒炒熟，放入香菜段，出锅装盘即可。

银芽鸡丝榨菜 鸡肉

原料 鸡脯肉300克，豆芽100克，榨菜、胡萝卜各50克

调料 葱丝、姜丝、鸡蛋、胡椒粉、淀粉、香油、植物油、料酒、盐各适量

做法

1. 榨菜洗净，切条，放入清水中浸泡片刻，捞出控水备用。胡萝卜洗净，切丝。豆芽洗净备用。

2. 鸡脯肉洗净，切条，入沸水中余一下，捞出沥干，打入鸡蛋，加胡椒粉、盐、料酒、淀粉上浆。

3. 锅入油烧热，放入葱、姜丝煸香，放入鸡脯肉条滑开。锅留底油，倒入榨菜、胡萝卜丝、豆芽菜，翻炒片刻，下鸡脯肉条，调入盐，淋上香油，出锅即可。

辣椒炒鸡丁 鸡肉

原料 鸡胸脯肉300克，青椒100克，红尖辣椒50克，鸡蛋清30克

调料 葱丝、姜丝、淀粉、花生油、花椒油、酱油、料酒、盐各适量

做法

1. 鸡脯肉洗净，切成方丁，加盐、蛋清、水淀粉拌匀，备用。红尖椒、青椒分别洗净，切段。

2. 锅入油烧热，下入鸡丁炒散，取出沥油。

3. 炒锅留底油，烧至六成热，放入葱丝、姜丝爆香，加青、红椒炒断生，加鸡丁，放入酱油、料酒、盐翻炒，用淀粉勾芡，淋上花椒油翻炒均匀，装盘即可。

拔丝鸡盒 鸡肉

原料 鸡脯肉300克，豆沙馅150克，红、绿樱桃各20克

调料 青丝、红丝、白芝麻、淀粉、面粉、食用油、碱、白糖各适量

做法

1. 鸡脯肉洗净，切片，裹上淀粉。青、红丝剁碎，放入豆沙馅拌匀，搓成小球。樱桃洗净，切丁。

2. 将面粉加水调匀，加入适量碱，调成发面糊。

3. 锅入油烧热，将两片鸡片中间加入豆沙球，呈鸡盒状，裹上发面糊入油锅中炸至浮起，捞出控油。锅入白糖、温水熬炒至汤汁浓稠时，放入炸好的鸡盒颠翻均匀，出锅放入盛器中，撒上红绿樱桃丁、白芝麻即可。

糖醋鸡圆

原料 鸡脯肉200克，鲜虾仁50克，鸡蛋2个

调料 葱花、姜末、蒜末、胡椒粉、水淀粉、鲜汤、食用油、酱油、醋、白糖、盐各适量

做法

1. 鸡蛋打成鸡蛋液。鸡脯肉洗净剁细成蓉，加入鸡蛋液、盐、胡椒粉、水淀粉搅打，再加入剁细的鲜虾仁颗粒，搅匀成鸡肉馅。

2. 锅入油烧热，将鸡肉馅挤成鸡圆，下锅炸定型，捞出沥油。待油温升热，将鸡圆回锅炸酥炸黄，捞出装入盘内。

3. 锅留底油，下葱花、姜末、蒜末爆香，加入酱油、醋、白糖、盐、鲜汤、水淀粉调成的芡汁，淋在鸡圆上即可。

翡翠糊辣鸡条

原料 鸡脯肉300克，莴笋100克

调料 干辣椒段、蛋清、食用油、花椒粒、酱油、盐、料酒、姜片、蒜片、葱段、香油、淀粉、清汤各适量

做法

1. 莴笋去皮洗净，切条，入沸水焯熟，过凉。

2. 将鸡脯肉洗净，切条，用料酒、盐、酱油腌入味。蛋清加淀粉调成糊，放入鸡肉条拌匀。

3. 锅入油烧热，鸡条逐一放入炸至呈金黄色，装盘。

4. 另起油锅，放花椒粒、干辣椒段、姜片、蒜片、葱段爆香，加清汤，下莴笋条、鸡肉条，旺火烧开，文火焖透，调入盐，烧至汁稠，淋香油即可。

脆皮鸡片

原料 鸡脯肉300克

调料 葱汁、姜汁、淀粉、面粉、小苏打、鸡蛋、色拉油、料酒、盐各适量

做法

1. 鸡脯肉洗净，切片，用葱姜汁、盐、料酒、蛋液腌渍片刻。

2. 将淀粉、面粉、小苏打、鸡蛋、色拉油调匀成脆皮糊，备用。

3. 锅置火上，放入油烧至七成熟，取鸡片放入糊中裹匀，下油锅炸至呈金黄色，捞出装盘即可。

原料 鸡脯肉350克，老南瓜100克，内酯豆腐50克
调料 鸡蛋清、咸蛋黄、淀粉、食用油、白糖、盐各适量

南瓜蒸鸡蓉

鸡肉

做法

1. 鸡脯肉洗净，剁成蓉，加蛋清、盐、内酯豆腐、淀粉搅拌成泥，捏成肉团。老南瓜去皮切块，蒸5分钟取出压成泥。咸蛋黄剁末。

2. 锅入清水烧开，将咸蛋黄酿入鸡蓉球中，入锅蒸熟。

3. 锅入油烧至五成热，放入南瓜泥、白糖文火翻炒3分钟至溶化，出锅浇在鸡蓉球上即可。

辣子鸡翅

鸡翅

原料 鸡翅中300克，干红椒50克
调料 葱丝、姜丝、花椒、食用油、醋、料酒、白糖、盐各适量

做法

1. 鸡翅中洗净，切段，用盐、醋、料酒略腌，放入油锅中炸至呈金黄色，捞出备用。

2. 干红椒洗净，切段。

3. 锅留余油烧热，放入葱丝、姜丝煸香，捞出渣，再入花椒、干红椒炒香，放入鸡翅中翻炒，撒入白糖、盐炒匀，出锅即可。

酸甜棒棒鸡

鸡翅

原料 鸡翅根300克，青椒丁、红椒丁、菠萝丁各50克
调料 葱花、姜末、蒜末、鸡蛋、吉士粉、淀粉、酱油、醋、番茄酱、食物油、白糖、盐各适量

做法

1. 鸡蛋磕入碗中，打散。鸡翅根洗净，沿着根部四周将肉划开，将上面的肉翻上去一部分，露出骨头，淋入鸡蛋液，加盐、吉士粉、淀粉拌匀。

2. 将鸡翅根入油锅炸至熟透呈金黄色，沥油装盘。

3. 原锅留底油，放入蒜末、姜末、葱花煸香，加番茄酱、酱油、醋、白糖，调成汁，放入青红椒丁、菠萝丁和炸好的鸡翅根，翻炒至每个鸡翅根都裹匀汤汁即可。

豉香鸡翅中

原料 鸡翅500克

调料 原味豆豉、豆瓣、剁椒、食用油、酱油、料酒、盐各适量

做法

1. 鸡翅洗净，从中间斩断，用料酒、酱油腌渍片刻，备用。

2. 锅入油烧热，放入豆瓣、原味豆豉、剁椒翻炒爆香，待炒出香味，颜色变红后，放入鸡翅翻炒，加盐、料酒、酱油、足量水，旺火烧开，待汤汁剩下不到一半时，改小火烧至收汁，装盘即可。

鸡翅蒸南瓜

原料 鸡翅300克，南瓜200克

调料 葱末、姜末、蚝油、老抽、料酒、白糖、盐各适量

做法

1. 鸡翅清洗净，剁成块，放入料酒、盐、老抽、白糖、蚝油、葱末、姜末腌半小时入味。

2. 将南瓜去皮，去瓤洗净，切块，备用。

3. 将南瓜块平铺盘底，鸡翅摆在南瓜上，备用。

4. 锅入水烧沸，放入鸡翅和南瓜旺火蒸20分钟至鸡肉熟透，即可食用。

冬菇蒸鸡翅

原料 鸡翅900克，鲜香菇75克

调料 葱末、姜末、胡椒粉、鸡汤、植物油、料酒、盐各适量

做法

1. 鸡翅洗净，放入沸水中氽一下，去掉翅尖，剁成两段，去净骨，放入碗内。用盐、料酒、胡椒粉将鸡翅腌入味。

2. 将香菇用冷水浸一下，去蒂洗净，放入盛鸡翅的碗内。

3. 碗内加鸡汤、盐、料酒、葱末、姜末、植物油，碗口用浸湿的纸封严，蒸两小时至肉软烂，揭开纸，去掉葱、姜，撒上胡椒粉即可。

原料 鸡翅 400 克，泡发黑木耳 100 克

调料 葱花、姜末、蒜末、剁椒、鲜红辣椒末、香油、生抽、植物油、白糖、盐各适量

剁椒黑木耳蒸鸡 鸡翅

做法

1. 鸡翅洗净剁小块。锅里下油，爆香姜末、蒜末、剁椒、葱花，加入糖、盐、生抽调味。

2. 将炒好的调料倒入鸡翅中，拌匀，腌入味。泡发的黑木耳洗净，撕成小块，码在碟子里。将腌渍入味的鸡翅均匀码在黑木耳上面，把所有的酱汁都淋在表面。

3. 将鸡翅入蒸屉，沸水蒸25分钟，取出撒葱花、红辣椒末，淋香油即可。

粉蒸翅中 鸡翅

原料 鸡翅中10个

调料 姜末、蒸肉粉、腐乳汁、胡椒粉、豆瓣酱、植物油、酱油、料酒、盐各适量

做法

1. 鸡翅洗净，扎眼，便于入味，加腐乳汁、盐、料酒、豆瓣酱、酱油、姜末、胡椒粉腌入味。

2. 将腌好的翅中全裹上蒸肉粉，且要均匀，装盘。

3. 蒸锅内加充足水，将鸡翅入锅。

4. 旺火蒸15分钟即可。

鱼香脆鸡排 鸡腿

原料 鸡腿肉300克，面粉100克，鸡蛋2个

调料 葱花、姜末、蒜末、泡红辣椒、淀粉、香油、植物油、酱油、醋、料酒、白糖、盐各适量

做法

1. 鸡腿肉洗净，切成厚片，加盐、面粉、鸡蛋调成蛋酱拌匀。

2. 泡红椒剁成细蓉，加盐、白糖、醋、料酒、酱油、香油、淀粉调成味汁备用。

3. 锅入油烧热，放入鸡腿肉炸至断生，待油温升高复炸至呈金黄色捞出，切成宽条装入盘中，淋味汁即可食用。

酸辣鸡腿丁

原料 鸡腿肉150克，泡椒丁15克，泡菜丁75克，青椒丁、红椒丁、黄瓜丁各5克

调料 葱花、蒜片、熟花生米、花椒粒、淀粉、植物油、香油、红油、酱油、醋、盐、料酒各适量

做法

1. 鸡腿洗净剔骨取肉，捶松，切方丁，放料酒、酱油、盐、水淀粉上浆入味，再放少许清油拌匀。

2. 将上好浆的鸡丁过油成金黄色，沥油装盘。

3. 锅入红油烧热，下花椒粒、泡椒丁、黄瓜丁、泡菜丁、青红椒丁翻炒，鸡丁倒入锅内，烹料酒、醋、盐、酱油、蒜炒入味，勾淀粉，淋香油，撒葱花、熟花生米，出锅装盘即可。

蘑菇片蒸鸡腿

原料 鸡腿300克，干蘑菇片、洋葱各50克

调料 葱末、姜丝、芝麻、蒸肉米粉、香油、植物油、酱油、蚝油、料酒、盐各适量

做法

1. 泡发蘑菇片洗净，切块。洋葱洗净，切碎。将料酒、酱油、蚝油、盐、香油、清水和蒸肉米粉搅拌均匀备用。

2. 鸡腿洗净，去骨，撒上姜丝和洋葱碎，倒入调好的酱汁，腌渍15分钟入味，将鸡腿裹上蒸肉粉且要均匀，然后撒上泡好的蘑菇片。上笼开锅后再蒸15分钟取出，撒上葱末、芝麻即可。

糊辣鸡胗

原料 鸡胗250克

调料 葱花、姜、蒜、香菜段、干辣椒段、干花椒、植物油、料酒、白糖、盐各适量

做法

1. 鸡胗去尽杂质洗净，切交叉十字花刀，使其呈菊花形。姜去皮洗净，切成薄片。蒜去皮洗净切成薄片。

2. 鸡胗加姜片、葱花、料酒腌渍入味。锅加油烧至七成热，放入鸡胗冲炸，捞出沥油。

3. 锅置中火上，下入适量油烧热，加干辣椒段、干花椒、蒜片爆香，放鸡胗快速炒匀，加盐、白糖炒匀出锅，撒香葱段装盘即可。

鸡胗焖三珍 鸡胗

原料 鸡胗300克，黑木耳5克，干滑子菇、干竹笋各10克

调料 葱末、姜末、食用油、酱油、盐各适量

做法

1. 鸡胗洗净，用沸水汆烫，捞出沥干。

2. 将黑木耳、干滑子菇用温水泡发，洗净，切片。干竹笋入沸水锅中煮开，捞出，用清水洗净，攥干切丝。

3. 炒锅上旺火，放入少许油烧至八成热，下葱末、姜末煸出香味，放入鸡胗、木耳、滑子菇、竹笋丝炒匀，加入适量酱油、水，盖上盖焖至肉熟，出锅装盘即可。

豉椒蒸凤爪 鸡爪

猪血烧鸡杂 鸡杂

原料 鸡爪400克

调料 葱花、蒜末、干红椒丝、豆豉、胡椒粉、香油、食用油、红椒段、白糖、盐、老抽各适量

做法

1. 鸡爪剪去爪尖，洗净，切段，再切成两半，放入沸水中汆断生，捞出沥干。

2. 将鸡爪用盐、老抽、白糖腌20分钟。

3. 热锅放油加至七成热，放入鸡爪炸至呈金黄色，捞出备用。

4. 将炸好的鸡爪拌入豆豉、胡椒粉、盐、干红椒丝、蒜末、红椒段，上笼隔水蒸30分钟淋香油即可。

原料 鸡杂250克，猪血200克，青椒、红椒各50克

调料 蒜末、姜末、淀粉、鲜汤、辣酱、豆瓣酱、食用油、蚝油、盐各适量

做法

1. 猪血洗净，切成小方块，汆水，入凉水后捞出备用。鸡胗去筋膜，洗净，切片。鸡肠洗净过水，切段。鸡肝洗净，切片。青椒、红椒洗净，均切成圈。

2. 锅入油烧热，将鸡杂加盐、淀粉上浆腌入味，迅速过油，沥干。锅留底油，下姜末、蒜末煸香，下豆瓣酱、辣酱、青椒、红椒、蚝油，再下入猪血、鸡杂，倒入鲜汤烧开，调入盐，勾芡装盘即可。

一品血鸭

原料 鸭胸脯肉1500克，熟鸭血50克，青辣椒、红辣椒各150克

调料 朝天椒段、花椒粒、姜片、葱段、辣椒酱、蚝油、盐、料酒、酱油、红油、八角、蒜末各适量

做法

1. 鸭肉切丁，余水，用盐、料酒、姜片、酱油腌入味；鸭血切块；青、红辣椒洗净切圈。
2. 油锅放姜片、蒜末、葱段爆香，下鸭肉丁煸炒断生，盛盘。
3. 红油烧热，放辣椒酱、朝天椒段、青辣椒圈、红辣椒圈、花椒粒、八角炒香，下鸭肉丁、鸭血块、蚝油炒熟，调盐炒匀即可。

五香鸭

原料 鸭子500克

调料 葱段、姜片、料包、花椒、五香粉、八角、食用油、酱油、料酒、白糖、盐各适量

做法

1. 鸭肉洗净，斩成大块，入沸水锅中余一下，捞出，沥干。
2. 用盐、姜片、五香粉、料酒、酱油将鸭肉腌入味。
3. 将鸭肉放油锅中炸至金黄色，捞出控油。
4. 锅中留油烧热，下葱段、姜片、酱油、花椒爆锅，加水、料包、八角、五香粉烧开，放入炸好的鸭块，开锅后转文火，用盐、白糖、料酒调味，焖至鸭块熟透入味，出锅即可。

洋葱焖麻鸭

原料 麻鸭500克，洋葱100克

调料 香菜段、食用油、酱油、白糖、盐各适量

做法

1. 麻鸭肉洗净，斩件。洋葱洗净，切块。
2. 将鸭肉用盐腌入味。
3. 锅入油烧热，放入鸭肉块略炸，捞出，控油。
4. 锅留有油烧热，放洋葱、鸭肉翻炒片刻，倒入水、酱油、白糖、盐调味，盖上锅盖，旺火煮开后改文火，焖至鸭肉软烂入味，倒入香菜段翻炒均匀，出锅装入盘中即可。

原料 净鸭400克，洋葱50克

调料 葱段、姜片、啤酒、八角、陈皮、鸡汤、花生油、生抽、蚝油、料酒、白糖、盐各适量

香酒洋葱焖鸭

鸭肉

做法

1. 光鸭洗净，斩件，加盐、糖、料酒拌匀腌入味。洋葱洗净，切丝备用。

2. 锅入油烧热，放入姜片爆香，放入鸭件旺火翻炒至上色，加入洋葱继续翻炒片刻，下入鸡汤、啤酒、八角、陈皮，盖上锅盖，中火焖30分钟，放入葱段、蚝油、生抽、盐调味，开锅转文火焖至鸭块熟透入味，出锅装盘即可。

萝卜焖鸭块

鸭肉

砂锅鸭

鸭肉

原料 鸭子300克，新鲜白萝卜100克，黄豆芽50克，胡萝卜1根

调料 姜片、食用油、生抽、盐各适量

做法

1. 鸭肉洗净，切成方块。新鲜白萝卜洗净，切成滚刀大块。胡萝卜洗净，切片。黄豆芽洗净。

2. 锅入油烧热，放入姜片爆香，再倒入鸭块翻炒至表面略焦。

3. 锅中加入两大碗清水，以浸过鸭块表面为宜，汤水烧滚后，改为中文火，加盖焖煮至汤汁剩下一半时，加入切好的白萝卜块、胡萝卜片，放入黄豆芽，放入盐拌匀，继续焖煮，直至锅中的汤汁即将收干时，加入适量生抽，出锅即可。

原料 净鸭500克，熟冬笋片100克

调料 葱花、姜片、淀粉、香油、植物油、酱油、料酒、白糖、盐各适量

做法

1. 鸭洗净，入沸水锅中氽去血水。

2. 鸭子放砂锅内，加清水，放入葱花、姜片烧沸，浇料酒，盖上锅盖，用文火焖烧90分钟离火，待鸭微凉时取出鸭骨，斩块放入锅内垫底，鸭肉切块，放在上面，再放上冬笋片，加酱油、白糖、盐烧沸，移至文火微焖片刻，用淀粉勾薄芡，淋上香油，撒上葱花即可。

芝麻鸭

原料 净鸭1只，鸡蛋2个，熟冬笋丝、火腿、黑芝麻各20克

调料 葱段、姜片、花椒粒、花椒粉、淀粉、食用油、料酒、盐各适量

做法

1. 鸭洗净沥水，用盐把鸭身擦一遍，再用葱段、姜片、料酒、花椒粒、盐腌半小时。

2. 鸭上笼蒸熟取出，去掉骨头，将鸭肉改成正方形，装盘。把鸡蛋、淀粉调匀成糊，将鸭肉均匀裹上鸡蛋糊，将冬笋丝、火腿撒到鸡蛋糊上，再抹一层鸡蛋糊，撒上黑芝麻。

3. 锅入油烧热，将鸭子下锅炸至金黄色，捞出控油，切成长方块，码盘，撒少许花椒粉即可。

樟茶鸭

原料 鸭子1只

调料 烟熏料(香樟叶、柏树枝、茶叶、锯木末)、花椒、胡椒粉、香油、食用油、酱油、料酒、盐各适量

做法

1. 鸭子宰杀洗净，入沸水锅烫一下捞出，沥干水分。用盐、花椒、胡椒粉、香油、酱油、料酒腌渍入味。

2. 取铁桶放入烟熏料点燃，待起青烟时把鸭子放铁桶内，熏至呈黄色后上笼蒸熟，取出晾凉。

3. 炒锅放在火上，下油加热至七成热，放入鸭肉炸至肉酥、呈金黄色时捞出，切长条，摆放在盘内成型即可。

湘西脆皮麻鸭

原料 净鸭子1只

调料 葱段、姜片、食用油、花椒粒、八角、桂皮、砂仁、丁香、酱油、料酒、白糖、盐、花椒盐各适量

做法

1. 鸭肉洗净，剁去膀尖、鸭掌、鸭舌，用盐搓遍鸭全身，加入葱段、姜片、酱油、料酒、花椒粒、八角、桂皮、丁香、砂仁、白糖、盐腌渍入味，用鸭钩挂在通风处晾干皮。

2. 将风干的鸭子入箱熏约1.5小时，取出放容器里，加汤蒸至熟烂。锅入油烧热，把蒸透的鸭子控去水分，入油锅炸至呈金红色捞出，控净油，改刀成块，码于盘中，摆成鸭形，配以花椒盐。

原料 净鸭1只，水发香菇、青豆各50克

调料 葱段、姜片、香菜叶、胡椒粉、淀粉、植物油、香油、酱油、啤酒、料酒、白糖、盐各适量

做法

1. 鸭肉洗净，切块，加盐、料酒、胡椒粉腌15分钟，再蘸上酱油入油锅炸至棕红，捞出沥干。香菇洗净，切小块。青豆洗净。

2. 锅入油烧热，放入葱段、姜片爆香，下香菇、青豆煸炒至香，加入盐、糖烧滚装盘，放入鸭块、啤酒，移至蒸锅以旺火蒸熟。拣去葱段、姜片，汤汁回锅下淀粉勾芡后浇在鸭块上，淋香油、撒香菜叶即可。

啤酒蒸仔鸭   鸭肉

山椒炒鸭肠   鸭肠

四季豆鸭肚   鸭肚

原料 鸭肠400克，野山椒、青椒、洋葱各100克

调料 葱段、香菜、鱼露、香油、植物油、酱油、料酒、白糖、盐各适量

做法

1. 鸭肠用盐和水反复搓洗后晾干，切条。青椒洗净去籽，切丝。洋葱洗净，切丝。香菜洗净，切碎。野山椒洗净，切段。

2. 锅入油烧热，放鸭肠炒断生，盛盘。

3. 锅入油烧热，下入葱段爆香，放野山椒段、青椒丝、洋葱丝，入鸭肠、料酒、鱼露、酱油、白糖爆炒，调盐均匀，倒入葱段、香菜、香油，快速爆炒至鸭肠卷曲即可。

原料 鸭肚60克，四季豆50克

调料 葱丝、干红辣椒段、豆豉、香油、生抽、植物油、盐各适量

做法

1. 四季豆去筋洗净，切段。锅内加水，放点盐，烧开，下四季豆焯断生，捞出，沥干装盘。

2. 将鸭肚洗净入沸水中余一下，捞出，切丝，用盐、生抽腌入味。

3. 锅入油烧热，放入干红辣椒段、葱丝、豆豉炒香，下入鸭肚、四季豆段煸炒，放入盐、生抽调味，加水旺火烧至肚丝熟烂，汁稠时，淋香油出锅装入盘中即可。

剁椒蒸鸭血

鸭血

原料 鸭血400克

调料 葱花、剁椒、胡椒粉、五香粉、食用油、绍酒、盐各适量

做法

1. 鸭血切块，用盐、胡椒粉、五香粉、绍酒腌渍鸭血半小时。

2. 锅入油烧热，煸香葱花，放入剁椒炒熟，炒出香味加少许盐调味，盛盘。

3. 将煸好的佐料倒在腌好的鸭血上，上蒸锅蒸10分钟即可出锅。

麻辣鸭下巴

鸭肉

原料 鸭下巴250克

调料 葱花、姜片、蒜片、干辣椒段、花椒粒、熟芝麻、食用油、酱油、花椒粉、盐各适量

做法

1. 鸭下巴洗净入沸水中，汆一下，捞出，沥干。

2. 鸭下巴加葱花、姜片、花椒粉、盐腌渍10小时。

3. 将腌渍好的鸭下巴入油锅炸至呈金黄色，捞出。

4. 锅内少许油烧热，放入干辣椒段、花椒粒、蒜片爆香，加鸭下巴，调盐、酱油、花椒粉炒匀，起锅撒芝麻即可。

麻香鸭舌

鸭舌

原料 鸭舌300克

调料 葱段、姜片、熟白芝麻、花椒、干辣椒节、五香精油、香油、辣椒油、植物油、料酒、白糖、盐各适量

做法

1. 鸭舌洗净，加料酒、姜片、葱段、盐、五香精油、花椒腌渍2~3小时。

2. 净锅上火，放植物油烧至三成热，放入干辣椒节炒香，倒入鸭舌及腌料，用文火浸炸，翻匀，油温保持在三至四成热，约炸10分钟，趁热捞出装盘，拌入白糖、香油、辣椒油、熟白芝麻即可。

原料 鹅脯肉300克，青椒、红椒、油菜、香菇各
30克

调料 花椒粉、花生油、酱油、盐各适量

做法

1. 鹅脯肉洗净，切片。青椒、红椒洗净，切片。
   油菜洗净，入沸水中焯一下捞出，码盘。香菇
   洗净，入沸水中焯一下，捞出，沥干，切片。

2. 将鹅脯肉加盐、酱油腌入味。

3. 锅入油烧热，放入鹅脯肉翻炒至变色后，装盘。

4. 另起油锅，加青、红椒片、香菇片炒断生，加鹅
   脯肉翻炒几下，调入盐、花椒粉炒匀，盛出，扣
   在油菜上即可。

酱爆鹅脯 鹅肉

红烧鹌鹑 鹌鹑

原料 净鹌鹑2只，香菇、竹笋各50克

调料 葱花、姜片、香油、植物油、酱油、料酒、
白糖、盐各适量

做法

1. 鹌鹑肉洗净，切块。竹笋洗净，切条。香菇洗
   净，切片。

2. 将鹌鹑肉用盐、酱油腌入味。

3. 锅入油烧热，放入鹌鹑炸至变色，加入料酒、
   葱花、姜片、酱油、盐，加适量水，加盖焖
   烧，再放入香菇、竹笋、白糖烧至入味，淋入
   香油炒匀，出锅装盘即可。

麻辣鹌鹑 鹌鹑

原料 鹌鹑500克

调料 葱段、姜片、花椒粒、干红辣椒段、食用
油、辣椒油、酱油、料酒、盐各适量

做法

1. 鹌鹑处理干净，将腿骨别在胸脯下方。

2. 锅入油烧热，放入鹌鹑炸至呈金黄色捞出，沥油。

3. 另取一砂锅置火上，放少许油，煸香葱段、姜
   片，下入花椒粒、干辣椒段炒出麻辣味，放入
   鹌鹑加适量水、酱油、盐、料酒调好口味，盖
   上盖，旺火烧开，移文火将鹌鹑焖烂，再加入
   辣椒油，用旺火收汁，拣出鹌鹑肉装盘，捞去
   汁中残渣，煮沸，浇在鹌鹑上即可。

干炸鹌鹑

原料 净鹌鹑4只（重约500克），蛋清20克

调料 葱末、姜末、花椒粉、淀粉、花生油、酱油、白糖、盐各适量

做法

1. 鹌鹑肉洗净，用刀一拍，剁成四块，加酱油、盐、葱末、姜末、白糖腌渍30分钟。

2. 加蛋清、淀粉、花生油上浆。

3. 锅入花生油烧热，下入鹌鹑块，慢火炸至呈金黄色，捞出控油，撒上花椒粉即可。

脆皮乳鸽

原料 净乳鸽500克

调料 蒜瓣、花椒粉、糖浆、卤水、植物油、盐各适量

做法

1. 乳鸽洗净血水，用盐里外涂匀，腌渍4个小时。

2. 将乳鸽用沸水汆透，放卤水中用慢火卤透至熟，卤好的鸽子沥干水分，滚匀卤水。

3. 将滚过卤水的乳鸽挂起晾10小时，备用。

4. 锅入油烧至七成热，加入乳鸽肉，用慢火炸透捞出，撒上蒜瓣，待油温升至八成热，浇在乳鸽上至皮脆，撒上花椒粉、糖浆即可。

辣炒乳鸽

原料 乳鸽2只

调料 葱末、姜末、蒜末、香菜、干辣椒段、高汤、花生油、香油、酱油、水淀粉、料酒、白糖、盐各适量

做法

1. 乳鸽洗净，改刀成块。

2. 乳鸽汆水后再次洗净，去除血污。

3. 香菜择去老叶，洗净，切段。

4. 锅内注入花生油烧热，下葱末、姜末、蒜末、干辣椒段爆香，放入鸽块炒香，加高汤、盐、白糖、酱油、料酒急火烧开，慢火炖至熟透，放入香菜段炒匀，用水淀粉勾薄芡，淋香油，出锅即可。

芙蓉番茄

原料　番茄250克，鸡蛋液150克，核桃仁、洋葱末各50克

调料　葱花、花生油、料酒、白糖、盐各适量

做法

1. 番茄洗净放入盆中用沸水烫一下，去表皮，切丁。鸡蛋液加入盐、料酒搅拌均匀。

2. 锅入油烧至四成热，放入鸡蛋液炒散装盘。

3. 另起油锅，倒入洋葱末炒香，加番茄丁、核桃仁、鸡蛋煸炒，调入适量盐、白糖、料酒炒热，出锅装盘，撒上葱花即可。

茭白鸡蛋

原料　茭白150克，鸡蛋4个

调料　葱丝、姜丝、花生油、盐各适量

做法

1. 茭白洗净，切丝。鸡蛋打入碗中，加盐调匀。

2. 锅入油烧热，倒入打好的蛋液，煎成块，装盘。

3. 锅入油烧热，加入葱丝、姜丝爆香，放入茭白丝煸炒几下，加盐继续翻炒，下鸡蛋，炒至熟盛出。

姜丝炒蛋

原料　鸡蛋250克，姜1块

调料　植物油、料酒、盐各适量

做法

1. 鸡蛋磕入碗中，加少许盐打散。姜去皮、洗净，切丝。

2. 锅入油烧热，倒入鸡蛋液，煎熟成块。

3. 锅入油烧热，下入姜丝炒出香味，倒入鸡蛋翻炒，加入料酒，炒匀，出锅装盘即可。

腊八豆炒荷包蛋

原料 鸡蛋4个，腊八豆150克

调料 葱段、姜末、蒜末、香辣酱、干椒段、植物油、盐各适量

做法

1. 鸡蛋打入碗中，加盐搅匀，备用。

2. 锅入油烧热，倒入蛋液煎至成荷包蛋，取出切成菱形块。

3. 锅入油烧热，下入姜末、蒜末、干椒段、香辣酱煸香至出油，再放入腊八豆煸香，盛出浇在荷包蛋上，撒上葱段即可。

辣味香蛋

原料 鸡蛋4个，竹笋120克，水发黑木耳25克，干红椒2个

调料 葱丝、姜丝、香菜段、淀粉、植物油、酱油、料酒、白糖、盐各适量

做法

1. 竹笋去皮洗净，切丝。干红椒洗净，切丝。鸡蛋打散，加盐搅匀。木耳洗净，切丝。

2. 锅入油烧热，放入鸡蛋液煎至两面透黄，装入盘中。

3. 另起锅入油烧热，放入干红椒丝、葱丝、姜丝炒香，放入竹笋丝、水发黑木耳丝炒匀，放入鸡蛋，调入料酒、盐、白糖、酱油、淀粉调味，略炒，撒上香菜段即可。

黄瓜炒蛋

原料 黄瓜200克，鸡蛋4个

调料 葱末、水淀粉、花生油、料酒、盐各适量

做法

1. 将黄瓜洗净，去蒂，劈为两半，斜刀切片。鸡蛋磕入碗内打散。

2. 锅入油烧热，倒入鸡蛋液，煎熟成块，装盘。

3. 锅入油，下葱末炝锅，投入黄瓜片，下鸡蛋一起炒匀，烹入料酒，最后放入盐，勾芡，出锅装盘即可。

原料 青椒200克，鸡蛋4个

调料 葱花、小红辣椒段、花椒粒、植物油、料酒、盐各适量

做法

1. 青椒洗净，切段。鸡蛋打入碗中，加少许盐调和均匀，加入青椒段，搅匀，备用。

2. 锅入油烧热，油量比平时多些，放入鸡蛋青椒液，待鸡蛋炒至呈金黄色，出锅装盘备用。

3. 另起油锅，放入花椒粒，葱花爆香，倒入鸡蛋，调入盐、料酒、撒上小红辣椒段即可。

青椒炒蛋

银鱼炒蛋

原料 银鱼100克，鸡蛋3个，韭菜适量

调料 植物油、料酒、盐各适量

做法

1. 银鱼洗净入沸水中汆一下，捞出，沥干。

2. 银鱼加入料酒、盐拌匀入味。鸡蛋打入碗中，加少许盐调和均匀。韭菜洗净，切段，将韭菜放入鸡蛋液中拌匀，备用。

3. 锅入油烧热，将鸡蛋韭菜液入锅，煎熟成块，装盘备用。

4. 锅入油烧热，放入银鱼煸炒片刻，加鸡蛋，调入盐、料酒炒匀，出锅即可。

丝瓜炒鸡蛋

原料 丝瓜400克，鸡蛋3个，小辣椒50克

调料 葱花、植物油、料酒、盐各适量

做法

1. 鸡蛋打入碗中，加少许盐调和均匀。丝瓜去皮洗净，切片。小辣椒洗净，切成粒。

2. 锅入油烧热，倒入鸡蛋煎熟，盛入碗中备用。

3. 另起锅入油烧热，放入丝瓜炒熟，加入辣椒粒和炒熟的鸡蛋一起炒匀，加入盐、料酒翻炒片刻，起锅装盘，撒上葱花即可食用。

特色黄金蛋

原料 鸡蛋200克，核桃仁、冬瓜各50克

调料 黄精、当归、枸杞、淀粉、植物油、白糖、盐各适量

做法

1. 黄精、当归洗净，烘干后碾成末。冬瓜去皮洗净，切条。核桃仁洗净，剁碎。

2. 鸡蛋打入碗中，加入淀粉、黄精末、当归末、核桃仁碎，加清水搅匀备用。

3. 锅入油烧热，倒入鸡蛋液，煎熟装盘。

4. 另起油锅，放入冬瓜条煸炒片刻，调入盐、白糖炒化，加鸡蛋炒匀，撒上枸杞即可。

鱼香炒蛋

原料 鸡蛋4个，泡椒50克，猪里脊肉20克，水发木耳15克

调料 葱丝、姜丝、豆瓣酱、辣酱、香油、花生油、酱油、醋、料酒、白糖、盐各适量

做法

1. 猪里脊肉、水发木耳、泡椒分别洗净，切丝。将肉丝入沸水中汆一下捞出，用盐、酱油腌入味。

2. 将盐、白糖、酱油、料酒、醋、辣酱、豆瓣酱、香油调成芡汁。

3. 鸡蛋打入碗中，加盐调匀，入锅中煎熟。

4. 锅入油烧热，下入姜丝、泡椒丝、葱丝、木耳丝炒散，加肉丝炒片刻，再下入鸡蛋炒匀，倒入芡汁炒匀，出锅即可。

鱼香荷包蛋

原料 鸡蛋100克

调料 葱末、姜末、蒜末、泡辣椒末、淀粉、汤、干辣椒碎、植物油、酱油、醋、料酒、白糖、盐各适量

做法

1. 葱末、淀粉、姜末、蒜末、干辣椒碎、酱油、白糖、盐、料酒、汤、醋装入碗中调成汁。

2. 锅入油烧热，分次打入鸡蛋，煎至两面呈金黄色，取出放入盘中。

3. 另起锅入油烧热，下入泡椒末稍炒，倒入兑的汁，汁开时浇在鸡蛋上，撒上葱末即可。

原料 胡萝卜200克，熟鹌鹑蛋200克，玉米笋50克

调料 葱段、姜片、料酒、胡椒粉、水淀粉、植物油、清汤、盐各适量

做法

1. 胡萝卜洗净，切成长段，再削成球形，用沸水焯熟，投凉。熟鹌鹑蛋切成两半。玉米笋洗净，切成长段。

2. 锅入油，下入姜片、葱段炒香，加清汤稍煮，捞出姜片、葱段，放入玉米笋段、胡萝卜球，加盐、胡椒粉、料酒烧透入味，捞出玉米笋摆在盘边。

3. 将胡萝卜球捞出，摆入盘中成塔形，再将鹌鹑蛋摆在周围，汤汁调好味，水淀粉勾芡，起锅浇在盘内即可。

红白双珠熘玉笋

酸辣金钱蛋

原料 熟鸡蛋5个，鲜红椒5克

调料 葱花、姜末、蒜末、干椒末、香菜末、淀粉、植物油、酱油、红油、香油、醋、盐各适量

做法

1. 熟鸡蛋去皮，洗净，切片，整齐地码入盘中，两面均匀拍上少量淀粉。将鲜红椒洗净，切段，码盘。

2. 将姜末、蒜末、干椒末、葱花、鲜红椒段放入碗中，加入盐、酱油、醋、淀粉拌匀，调成汁。

3. 锅入油烧热，下入鸡蛋片，煎至两面呈金黄色，倒入调好的汁，待芡粉糊化，淋上香油、红油，出锅装盘，撒上香菜末即可。

白果双蛋

原料 鸡蛋2个，鹌鹑蛋3个，白果10粒，银耳5克，枸杞10克，红枣、百合、木耳各8克

调料 花生油、酱油、盐各适量

做法

1. 银耳、木耳、百合放水中泡发，洗净备用。红枣去核洗净。白果去壳洗净，入沸水中焯断生。

2. 鸡蛋打入碗内，加盐搅匀，煎成荷包蛋。将鹌鹑蛋打入一个碗内搅匀，煎成荷包蛋。

3. 锅入油烧热，放入银耳、木耳、百合、红枣、白果煸炒，加酱油、盐炒熟，装入盘中。

4. 将双蛋摆在盘中，撒上枸杞即可。

苦瓜煎蛋  蛋类

原料 苦瓜150克，鸡蛋4个

调料 葱末、胡椒粉、色拉油、盐各适量

做法

1. 苦瓜洗净，从中间切开，去瓤，改刀切片。

2. 鸡蛋打入碗中，加少许盐、胡椒粉调匀，放入苦瓜片、葱末搅拌均匀，备用。

3. 锅入油烧热，倒入苦瓜蛋液，用文火煎至底部凝固，淋入少许色拉油，煎至呈金黄色蛋饼，取出沥油，切成菱形小块，码盘即可。

油菜鸡蛋饼 蛋类

原料 鸡蛋4个，油菜50克

调料 胡椒粉、面粉、花生油、料酒、盐各适量

做法

1. 鸡蛋打散，加盐、胡椒粉、料酒搅打均匀，再加面粉调匀。

2. 油菜洗净，入沸水中焯一下，捞出，沥干剁成碎末。

3. 将油菜碎倒入鸡蛋液中，搅匀。

4. 平底锅置旺火上，加油烧热，下入油菜鸡蛋液，煎至两面呈金黄色时，出锅装盘即可。

嫩香鱼蛋饼 蛋类

原料 青鱼肉75克，洋葱50克，鸡蛋2个

调料 葱花、胡椒粉、面粉、食用油、料酒、番茄酱、盐各适量

做法

1. 洋葱洗净，切成碎末。青鱼肉洗净煮熟，放入碗中研碎。

2. 鸡蛋打散，加盐、面粉、葱花、青鱼泥、洋葱末、料酒、胡椒粉搅拌均匀。

3. 将青鱼泥捏制成小圆饼。

4. 锅入油烧热，放入青鱼蛋饼，煎至两面呈金黄色时盛出，控油，淋上番茄酱即可。

原料 槐花200克，虾仁50克，鸡蛋2个

调料 葱花、面粉、花生油、盐各适量

做法

1. 槐花洗净，放入大碗中。鸡蛋打入碗内搅散，加入葱花、盐拌匀。将面粉倒入小盆中，加鸡蛋液、槐花、虾仁拌匀，调成面糊。

2. 净锅置火上，放入花生油用中火烧至六成热，下入面糊，摊开成饼状。

3. 将面糊煎至定型后翻过来，再煎另一面，待两面呈金黄色时取出稍凉一下，切开摆盘即可。

槐花鸡蛋饼

西班牙蛋卷

豉汁虾米蒸蛋

原料 洋葱、青椒、红椒、番茄各50克，胡萝卜100克，鸡蛋4个

调料 橄榄油、胡椒粉、盐各适量

做法

1. 洋葱、青椒、红椒、番茄分别洗净，切成细丝。胡萝卜去皮，洗净，切丝。

2. 锅入油烧热，放入洋葱丝、胡萝卜丝、青红椒丝、番茄丝炒香，调入盐、胡椒粉炒匀，做成馅料。

3. 将鸡蛋打入碗中，搅匀，放入热油锅中煎至成蛋饼，取出，卷入馅料，切开摆入盘中即可。

原料 番茄100克，虾米50克，鸡蛋4个，皮蛋1个

调料 葱花、豆豉、花生油、盐各适量

做法

1. 豆豉切成细末。虾米用清水泡软，切成细末。皮蛋去壳，切碎。番茄洗净，切块。

2. 鸡蛋打入碗中，加入豆豉末、虾米末、番茄块、皮蛋碎、花生油、盐和适量清水，用筷子搅打均匀成蛋液，倒入盘中，舀去蛋液边缘上的泡沫，盖上一层保鲜膜。

3. 将鸡蛋碗放入蒸锅内，盖上盖子以文火隔水清蒸10分钟，待蛋液表面凝固，无晃动感，取出撕去保鲜膜，撒上葱花，即可食用。

豆腐蒸蛋

原料 鸡蛋3个，北豆腐100克，火腿50克

调料 葱汁、姜汁、香油、盐各适量

做法

1. 将豆腐洗净，压成泥蓉，放入碗中。
2. 将鸡蛋打入碗内搅散，再加入清水、葱汁、姜汁、盐搅匀。
3. 将豆腐加入鸡蛋液中，拌匀。
4. 火腿剁成碎末，撒在豆腐鸡蛋液上。
5. 将盛豆腐鸡蛋液的碗放入蒸笼中，用中火蒸10分钟取出，淋入香油即可。

粉蒸韭菜包鸡蛋

原料 米饭、韭菜各200克，鸡蛋1个

调料 花生油、米粉、剁椒、盐各适量

做法

1. 韭菜洗净，沥干水分，切碎，放入剁椒搅匀。
2. 倒入米粉拌匀，使韭菜碎均匀裹上一层薄薄的米粉，倒入油、盐，搅拌均匀，备用。
3. 米饭平铺在平底碗中，铺一层韭菜碎，在韭菜上挖洞，打入鸡蛋，使鸡蛋黄露在外面。
4. 锅入清水烧热，放入平底碗蒸15分钟，取出即可食用。

蛤蜊肉蒸水蛋

原料 鸡蛋3个，蛤蜊100克

调料 葱花、高汤、香菇粉、花生油、料酒、盐各适量

做法

1. 鸡蛋打入容器中，搅打均匀，调入高汤、盐、香菇粉、花生油、料酒拌匀，过滤到容器中。
2. 蛤蜊洗净，放入水中浸泡至吐沙，捞出。
3. 将蛤蜊放入沸水锅中煮熟，去壳，取肉备用。
4. 将鸡蛋液加入蛤蜊肉，盖上保鲜膜入蒸笼以中火蒸15分钟，取出，撒上葱花即可食用。

原料 鸡蛋3个，五花肉100克，虾仁50克

调料 葱末、淀粉、酱油、盐、枸杞、植物油各
适量

做法

1. 鸡蛋打入碗中搅散，加盐、适量清水搅匀。

2. 五花肉洗净，剁成末。虾仁切成粒。

3. 蒸锅加水，将鸡蛋入锅蒸熟。

4. 锅入油烧热，下葱末爆香，放入肉末、虾粒炒
至松散出油时，调入适量盐、酱油、水调匀，
用淀粉勾芡，出锅浇在蒸蛋上，撒上枸杞即可
食用。

锦绣蒸蛋 蛋类

红枣枸杞蒸蛋 蛋类

榄菜蒸水蛋 蛋类

原料 鸡蛋4个，红枣、枸杞各10克

调料 花椒粉、植物油、生抽、盐各适量

做法

1. 将红枣、枸杞分别用温水泡一下，回软后洗净
杂质。

2. 将鸡蛋打入碗中，加水、植物油、盐、生抽、
花椒粉搅拌成蛋液。

3. 放入红枣、枸杞拌匀，再放入蒸锅中，开锅后
转文火蒸制10分钟，待鸡蛋熟透出锅即可。

原料 鸡蛋3个，肉末、橄榄菜各50克

调料 葱花、剁椒、水淀粉、花生油、豆瓣酱、高
汤、生抽、盐各适量

做法

1. 鸡蛋打入碗中，加盐搅匀，上笼蒸8分钟取出。

2. 锅入油烧热，放入肉末煸香，盛盘。

3. 另起油锅，下入豆瓣酱、橄榄菜、剁椒、生抽、
高汤调味，下肉末翻炒至熟，水淀粉勾芡出
锅，淋在蒸蛋上，撒上葱花即可。

首乌蒸蛋 蛋类

原料 鸡蛋3个，鸡肉100克，何首乌10克

调料 葱花、姜末、料酒、植物油、盐各适量

做法

1. 何首乌洗净，切丝，放入纱布袋封口。鸡肉洗净，剁成泥。鸡蛋磕入碗中，加盐打匀。

2. 锅置旺火上，放入何首乌，倒入清水，用文火煮1小时，捞出何首乌留汁。

3. 将何首乌汁加入鸡蛋液，放入鸡肉泥、姜末，加入盐、植物油、料酒搅匀，上笼屉蒸10分钟至熟，取出撒上葱花即可食用。

银鱼蒸蛋 蛋类

原料 鸡蛋3个，鲜银鱼50克

调料 香菜末、辣椒酱、鸡油、清汤、盐各适量

做法

1. 银鱼清洗净，入沸水锅中汆一下，捞出沥干，加盐腌入味。

2. 鸡蛋磕入碗中搅匀，加入清汤、鸡油、盐拌匀入味，加入银鱼。

3. 将调好的鸡蛋液，入蒸锅蒸熟，取出。

4. 浇上辣椒酱，撒上香菜末即可食用。

鱼香蒸蛋 蛋类

原料 鸡蛋2个，肉馅100克，干木耳5克

调料 葱花、姜末、蒜末、植物油、香油、辣豆瓣酱、醋、水淀粉、白糖、盐各适量

做法

1. 鸡蛋打入碗中，加盐、少许水搅打均匀。木耳泡发，去杂质，切碎。

2. 鸡蛋液放入蒸锅中，改文火蒸熟。

3. 另起锅入油烧热，加蒜末、姜末、木耳碎、辣豆瓣酱炒香，下入肉馅炒散，加盐、白糖调味，用水淀粉勾芡，淋入醋、香油，撒葱花制成鱼香汁。

4. 将鱼香汁淋在蒸蛋上即可。

原料 大白菜200克，黑木耳5克，青尖椒、红尖椒各50克

调料 姜末、剁椒、植物油、豆瓣酱、盐各适量

做法

1. 大白菜洗净，切片。黑木耳用水泡开，洗净撕成小块。青尖椒、红尖椒洗净，切段。

2. 锅内加水，烧沸，将白菜片入锅焯一下，迅速捞出，过凉水沥干，装盘备用。

3. 锅入油烧热，放入姜末爆香，加入豆瓣酱、剁椒、青尖椒段、红尖椒段稍炒，再加入白菜片和木耳块，旺火炒熟，加盐调味，装盘即可。

白菜炒木耳　蔬菜

酸辣白菜　蔬菜

原料 大白菜300克，红尖椒50克

调料 姜末、干辣椒段、淀粉、食用油、酱油、醋、白糖、盐各适量

做法

1. 大白菜洗净，切片。红尖椒洗净，切片。

2. 锅内加水，烧开放入白菜片焯一下，捞出过凉水，沥干。

3. 锅入油烧热，放入干辣椒段、姜末、红尖椒片煸香，倒入大白菜片翻炒，再加入少许盐、白糖、酱油、醋调味，炒至菜熟，勾芡装盘即可。

蛋黄白菜卷　蔬菜

原料 小白菜心200克，咸蛋黄3个

调料 姜末、水淀粉、鲜汤、猪油、盐各适量

做法

1. 咸蛋黄用刀板碾成泥。小白菜心洗净，入沸水中焯一下。

2. 锅入猪油烧热，下入白菜心翻炒，放少许盐炒匀，放入鲜汤焖一下，用筷子夹入盘中。

3. 另起锅入猪油烧热，下入姜末炒香，下入盐、水淀粉、咸蛋黄充分拌炒成馅，用白菜叶将咸蛋黄包入叶内成卷即可。

油浸大白菜

原料 大白菜400克，红椒30克

调料 姜丝、葱丝、色拉油、蒸鱼豉油、酱油、盐各适量

做法

1. 大白菜剥成片洗净，每片从中间切开。红椒洗净，切成细丝。蒸鱼豉油加酱油、盐、水，放入锅中烧开制成豉油汁，备用。

2. 沸水中加盐，下入切好的大白菜，用旺火煮至白菜八成熟，取出摆入盘中，撒上红椒丝、姜丝、葱丝，再浇上豉油汁。

3. 锅入色拉油烧热，浇在大白菜上即可。

清炒荠菜

原料 荠菜200克

调料 葱花、植物油、香油、盐各适量

做法

1. 荠菜去根，洗净，切段。

2. 锅内加水烧开，加少许盐，放入荠菜焯一下，捞出，过凉水，沥干，装盘。

3. 锅入油烧热，下入葱花爆香，放入荠菜段煸炒，调入盐炒熟，淋上香油，出锅装盘即可。

葱油芥蓝

原料 芥蓝400克，青椒丝、红椒丝各50克

调料 葱丝、姜丝、干辣椒丝、植物油、酱油、香油、鲜露、胡椒粉、白糖、盐各适量

做法

1. 酱油、白糖、香油、盐、鲜露、胡椒粉调匀，制成白灼汁备用。

2. 芥蓝去老叶洗净，下入沸水锅中焯透，捞出用冷水冲凉，沥干装盘，撒上葱丝、姜丝、青椒丝、红椒丝、干辣椒丝。

3. 锅入油烧热，淋在芥蓝上。再将调好的白灼汁入锅中烧沸，浇在盘中即可。

原料 油菜500克，红尖椒1个

调料 葱末、姜末、蒜末、淀粉、植物油、醋、酱油、豆瓣酱、白糖、盐各适量

做法

1. 油菜洗净，切成长段。红尖椒洗净，剁碎。豆瓣酱剁细，加白糖、醋、红尖椒碎、酱油、盐、淀粉兑成味汁。

2. 锅内加水烧沸，放少许盐，下油菜段焯一下捞出，过凉水，捞出，沥干。

3. 锅入油烧热，放入油菜段稍炒，倒入盘中备用。

4. 另起锅入油烧热，下入葱末、姜末、蒜末爆香，待出香味，烹入味汁炒熟，再放入油菜段炒匀，装盘即可食用。

鱼香油菜 蔬菜

素油菜心 蔬菜

腐乳炒空心菜 蔬菜

原料 油菜400克

调料 淀粉、清汤、花生油、香油、白糖、盐各适量

做法

1. 油菜只留菜心末端最嫩的部分，洗净。

2. 放入沸水锅中焯一下，捞出过凉水，沥干。再放入油锅内汆一下，取出沥干油。

3. 淀粉放入碗中，加入水调成水淀粉，备用。

4. 锅入油烧热，放入油菜心炒至七成熟，加入清汤烹烧3分钟，放入盐、白糖炒匀，加水淀粉勾芡，点几滴香油，出锅装盘使菜心堆成圆形，即可。

原料 空心菜300克，白腐乳50克，红椒丝10克

调料 蒜末、水淀粉、植物油、盐各适量

做法

1. 空心菜洗净，切段，入沸水中焯一下，捞出，过凉水，沥干。

2. 白腐乳放入碗中压成泥，加入少许水淀粉、盐调匀，备用。

3. 锅入油烧热，放入蒜末爆香，加入空心菜段、红椒丝炒匀，倒入腐乳汁炒匀，盛入盘中即可。

蒸双素

原料 空心菜叶200克，胡萝卜100克，面粉50克

调料 葱花、蒜末、五香粉、植物油、香油、盐各适量

做法

1. 空心菜叶洗净，控水，切段。

2. 锅中加水，烧开，加少许盐，放入空心菜叶段焯一下，捞出，过凉水，沥干。

3. 胡萝卜洗净，切丝，撒少许盐拌匀腌一会儿，挤去水分，拌上面粉，加适量五香粉拌匀成散状，备用。

4. 将拌好的胡萝卜丝加入空心菜叶段拌匀，放入蒸锅内蒸熟。

5. 热锅爆香葱花，加少许盐，油温稍降后浇到菜上，加点蒜末，点几滴香油拌匀即可。

五香芹菜豆

原料 芹菜300克，黄豆100克

调料 葱丝、姜丝、干辣椒丝、鲜汤、植物油、酱油、花椒油、盐各适量

做法

1. 将芹菜择去叶，去筋，切段。

2. 黄豆洗净泡发，煮熟。

3. 锅入油烧热，加葱丝、姜丝、干辣椒丝炒香，先放入黄豆，加酱油、鲜汤烧至黄豆熟烂，再放芹菜段炒透，加盐入味，放花椒油出锅即可。

白果炒西芹

原料 西芹400克，白果仁50克，胡萝卜10克

调料 葱末、姜末、食用油、盐各适量

做法

1. 西芹去叶、根，洗净，切段。胡萝卜洗净，切片。

2. 锅入油烧热，待油温烧至四成热时放入白果仁炸熟，捞出控油，备用。

3. 锅内加水烧沸，加少许盐、食用油，放入西芹段焯一下，捞出沥干。

4. 锅入油烧热，放入葱末、姜末爆香，加西芹段、胡萝卜片煸炒片刻，放入白果仁，调入适量盐炒至菜熟，出锅装盘即可。

原料 芹菜叶300克，面粉50克

调料 蒜末、生抽、醋、食用油、辣椒油、香油、
白糖、盐各适量

做法

1. 芹菜叶洗净。

2. 锅中沸水加少许盐，放入芹菜叶，焯一下，捞出，
沥干。

3. 将芹菜叶放入大碗内，加适量面粉，用筷子搅
拌，尽量使每片叶子都均匀裹上一层薄薄的面
粉，上锅蒸5分钟即可取出。

4. 用生抽、盐、白糖、醋、食用油、辣椒油、香
油、蒜末调匀成汁，浇在蒸好的芹菜叶上即可。

粉蒸芹菜叶　蔬菜

泡椒炒蕨菜　蔬菜

原料 蕨菜500克、泡椒100克

调料 葱段、蒜末、料酒、熟猪油、香油、盐各
适量

做法

1. 蕨菜择洗净，切成长段，入沸水锅中稍烫，捞
出，沥干水分。

2. 泡椒洗净，切段。

3. 炒锅置旺火上，加熟猪油烧至四成热。放入切
好的泡椒段，炒出红油，装碗备用。

4. 锅入熟猪油烧热，放葱段、蒜末爆香，加蕨菜
段炒断生，调入盐、料酒、红油炒至菜熟，点
几滴香油，出锅装盘即可。

腰豆西蓝花　蔬菜

原料 西蓝花300克，红腰豆100克，干红尖椒段
10克

调料 食用油、花椒粒、盐各适量

做法

1. 把西蓝花洗净撕成小朵，放入沸水中，加盐，
焯一下，迅速捞出。

2. 将红腰豆洗净，浸泡24小时，捞出煮熟，备用。

3. 锅中再放少量油烧热，下花椒粒炸香，去除花
椒粒，趁热下干红尖椒段，待其刚变颜色时，
放入西蓝花、红腰豆，快速翻炒，加入盐稍
炒，出锅即可。

番茄菜花 蔬菜

原料 菜花300克，番茄150克

调料 植物油、番茄酱、醋、白糖、盐、淀粉各适量

做法

1. 将菜花掰成小朵，用清水洗净，放入沸水中烫至断生，捞出，控净水，备用。

2. 番茄洗净，用热水烫去皮切小块。

3. 锅入油烧热，加入番茄块炒软，加番茄酱炒熟，加白糖、水、盐、醋调好口味，放菜花块烧开，勾芡出锅。

素炒双花 蔬菜

原料 菜花200克，西蓝花200克，番茄 100克

调料 蒜片、姜片、葱段、植物油、番茄酱、白糖、盐各适量

做法

1. 菜花和西蓝花用手掰成小朵，分别用水浸泡1小时，捞出洗净备用。番茄洗净，切成小块，备用。

2. 锅中倒入清水，水沸后加盐，分别放入菜花块和西蓝花块焯烫2分钟，捞出备用。

3. 锅中倒适量油，放入葱段、姜片、番茄酱和蒜片爆香，后放入番茄块快炒3~4分钟，放入焯烫过的西蓝花块和菜花块，加入盐、白糖，翻炒2分钟至熟，盛盘即可。

素炒菜花 蔬菜

原料 菜花300克，红椒80克、黑木耳5克

调料 水淀粉、食用油、酱油、香油、白糖、盐各适量

做法

1. 菜花洗净，掰成小朵。红椒洗净，切成小丁。黑木耳用水泡发，去蒂，洗净撕小片。

2. 锅中盛水烧沸，将菜花放入沸水中烫约2分钟，捞出，沥干。

3. 锅入油烧热，放入红椒丁略炒，加入菜花块、木耳片，调入盐、酱油、白糖炒至菜熟，用水淀粉勾薄芡，淋入香油即可。

原料 胡萝卜300克，面粉100克

调料 葱花、蒜泥、香油、盐各适量

做法

1. 胡萝卜洗净，切细丝。

2. 锅内加水，烧开，加少许盐，放入胡萝卜丝焯一下，捞出，沥干。

3. 胡萝卜丝拌上面粉，上笼旺火蒸5分钟，取出拌散。

4. 将蒸好的胡萝卜丝加蒜泥、盐、香油拌匀装盘，撒上葱花即可。

面粉蒸菜

蔬菜

辣炒萝卜干

蔬菜

炒酸萝卜缨

蔬菜

原料 萝卜干300克，香椿菜100克

调料 蒜末、葱花、红辣椒末、食用油、香油、酱油、白糖、盐各适量

做法

1. 萝卜干泡水，洗净，捞出沥干，切条。香椿菜洗净，切末。

2. 锅内加水，烧沸，放入萝卜干焯一下，捞出，沥干。

3. 锅入油烧热，放入红辣椒末、葱花、蒜末，放入萝卜干条、香椿菜末煸炒片刻，调入白糖、盐、酱油，淋香油炒香即可。

原料 酸萝卜缨250克，红尖椒25克，青豆20克

调料 姜末、蒜末、猪油、酱油、盐各适量

做法

1. 酸萝卜缨洗净，切碎，挤干水分。将红尖椒去蒂洗净后切成小圈。

2. 青豆洗净，入沸水中焯断生，捞出，沥干。

3. 净锅置旺火上，放入酸萝卜缨炒干水汽，盛出。

4. 锅内放猪油，下入姜末、蒜末、红尖椒圈炒香，再放入酸萝卜缨、青豆，放盐、酱油反复翻炒，直至将酸萝卜缨炒至热透即可出锅装盘。

脆熘番茄

蔬菜

原料 番茄200克,鸡蛋2个

调料 淀粉、面粉、香油、植物油、醋、白糖、盐各适量

做法

1. 番茄洗净切块,瓤汁取出备用。将鸡蛋、面粉、淀粉、盐加清水调成糊。

2. 锅入植物油烧热,将面粉撒在番茄块上拌匀,裹上蛋糊,入油锅炸至外焦,捞出。再放入油锅炸一次,至外壳呈金黄色,捞出。

3. 锅留余油,将番茄的瓤汁倒入锅中烧沸,加入白糖、醋、清水烧沸,淋入淀粉,至卤汁稠浓时将番茄块倒入锅中,淋入香油即可。

玉米笋炒山药

蔬菜

原料 山药80克,胡萝卜50克,秋葵60克,玉米笋40克,红枣5颗

调料 食用油、盐各适量

做法

1. 山药、胡萝卜均削皮,洗净,切片。秋葵、玉米笋洗净,切斜段。

2. 分别将山药片、胡萝卜片、秋葵段、玉米笋段入沸水焯熟,捞起备用。红枣洗净,去核,放入沸水中煮15分钟后捞起,沥干备用。

3. 起油锅,放入秋葵段、玉米笋段、胡萝卜片煸炒断生,再加山药片、红枣,加盐拌匀即可食用。

彩椒山药

蔬菜

原料 青椒、红椒、黄柿子椒各50克,山药200克

调料 葱段、姜片、料酒、食用油、香油、盐各适量

做法

1. 分别将青椒、红椒、黄柿子椒用刀去蒂、籽、内筋,洗净,切片。山药去皮,洗净,切片。

2. 锅入油烧热,爆香葱段、姜片,放入青椒片、红椒片、黄柿子椒片、山药片煸炒片刻,调入盐、料酒炒匀,加足量水,旺火烧开,改文火焖透,出锅点几滴香油即可。

原料 山药500克，芝麻30克，糯米粉50克，鸡蛋2个

调料 淀粉、花生油、白糖各适量

做法

1. 山药去皮，洗净，上笼蒸熟，晾凉。鸡蛋打入碗中，加淀粉调成糊。

2. 把晾凉的山药用刀压成泥，放入碗中，加白糖、糯米粉，捏成丸子，裹上蛋糊，滚上芝麻。

3. 锅中加油，油量要多，待油温达六成热时，放入山药团，炸至浮起，捞出控油装盘即可。

香炸山药团　蔬菜

辣白菜炒土豆　蔬菜

原料 辣白菜200克，土豆200克

调料 葱、食用油、盐各适量

做法

1. 辣白菜切段。土豆削皮，洗净，切薄片，用清水泡半小时。葱洗净，切成葱花。

2. 锅内加水，烧沸，将土豆片入沸水中焯一下，捞出，沥干。

3. 锅内倒油，加入葱花爆香，放辣白菜煸炒出味。

4. 将土豆片入锅煸炒，加盐，待土豆片呈半透明状，撒上葱花，即可出锅。

软炸土豆条　蔬菜

原料 土豆300克，鸡蛋2个

调料 干辣椒丝、淀粉、花椒粉、孜然粉、辣椒粉、食用油、生抽、盐各适量

做法

1. 土豆去皮、洗净，切成长条。鸡蛋打入碗内，加入淀粉搅匀成糊。干辣椒丝过油，备用。

2. 将土豆放入大碗内，加盐、生抽、花椒粉、孜然粉、辣椒粉拌匀。

3. 锅内加油，油量要多，待油温达五成热时，将所有土豆条挂上蛋粉糊，入油锅，炸至外皮焦脆，捞出控油。

4. 将土豆撒上孜然粉、花椒粉、辣椒粉、干辣椒丝拌匀即可。

麻辣土豆条

蔬菜

原料 土豆500克，青椒20克

调料 干辣椒粉、花椒粉、豆油、盐、淀粉各适量

做法

1. 土豆去皮洗净，切成方条，入沸水中焯断生，捞出控净水。

2. 将土豆条拌入干辣椒粉、花椒粉、盐、淀粉。

3. 青椒洗净，去籽、去蒂、切条。

4. 锅入油烧热，放入青椒条煸炒断生，加入土豆条，调入盐炒匀，即可出锅。

香椿煸土豆

蔬菜

原料 土豆300克，香椿150克，肉末50克

调料 葱花、蒜末、色拉油、香油、盐各适量

做法

1. 土豆去皮，洗净，切成小一字条。香椿洗净，剁碎。

2. 炒锅置火上，下油，烧至五成热时，下土豆条炸至皮焦，捞起。待油温升至七成热时下锅炝一下，呈金黄色时起锅。

3. 锅入油烧热，放入肉末煸炒一下，盛盘。

4. 另起油锅，放入香椿碎、葱花、蒜末爆香，下肉末、土豆条，调入盐炒匀，点几滴香油，出锅即可。

豉香土豆

蔬菜

原料 土豆400克

调料 葱花、姜片、干椒段、香料包、食用油、豆豉香辣酱、酱油、生抽、盐各适量

做法

1. 土豆去皮，洗净，切大小合适的滚刀块。

2. 锅入油烧热，下姜片爆香，放入豆豉香辣酱出红油，入土豆块、干椒段翻炒，调入酱油、生抽、盐翻炒至上色均匀。加入足量水，放入香料包，水开后转文火加锅盖焖烧。土豆变软后，转旺火收汁，出锅撒葱花即可。

原料 土豆300克

调料 葱花、水淀粉、植物油、柱侯酱、海鲜酱、
酱油、白糖、盐各适量

做法

1. 土豆去皮洗净，切块。

2. 将土豆块入沸水中焯一下，捞出，沥干。

3. 锅入油烧热，再倒入柱侯酱和海鲜酱爆香，倒
入土豆块炒匀，放酱油、白糖、盐、没过土豆
块的水，慢火焖。

4. 焖到土豆糯软，用水淀粉勾芡，收汁出锅，装
入盘中撒上葱花即可。

酱焖土豆 蔬菜

培根土豆饼 蔬菜

原料 土豆200克，鸡蛋2个，培根2片

调料 葱末、白胡椒粉、食用油、盐各适量

做法

1. 土豆去皮洗净，切成细丝。培根切成小片。鸡
蛋打到碗中，加盐搅匀，备用。

2. 将葱末、土豆丝、培根片一起放入鸡蛋液中调
匀，加入白胡椒粉搅拌均匀。

3. 平底锅倒入油烧热，倒入搅拌好的食材，用锅
铲摊平，火调小，等一面煎至成块后，翻过来
煎另外一面，待两面煎至呈金黄色即可关火，
改刀装盘即可。

德式煎土豆片 蔬菜

原料 土豆500克

调料 黄油、胡椒粉、盐、蒜末各适量

做法

1. 土豆洗净去皮，切成厚片。

2. 在长柄煎盘中，倒入黄油上火加热，放入土豆片煎
至两面呈浅黄色熟透为止，用盐和胡椒粉调好
口味，撒上蒜末装盘即可食用。

剁椒蒸土豆

蔬菜

原料 新土豆300克，剁椒50克

调料 葱花、植物油、盐各适量

做法

1. 土豆洗净。锅内加水，放入土豆，烧开，煮至用筷子一插即能穿透为止。

2. 取出土豆去皮，切成滚刀块，码在盘中，浇上一层剁椒。

3. 将装有土豆块的盘子，放入蒸锅中蒸10分钟，出锅后调入盐、植物油，撒上葱花即可。

玉米面蒸地瓜叶

蔬菜

原料 地瓜叶300克，玉米面50克

调料 蒜末、植物油、香油、料酒、盐各适量

做法

1. 地瓜叶择好洗净，用水多冲洗几遍去掉黑水，捞出，切段。

2. 将地瓜叶装入大碗内，用盐、料酒腌入味，备用。用盐、香油、料酒、蒜末制成味汁，备用。

3. 将地瓜叶多搅拌几下，使地瓜叶多出一些水。

4. 将地瓜叶拌入玉米面，搅匀。

5. 先将笼屉上抹一层油，放上地瓜叶，入蒸锅，盖上盖，旺火蒸8分钟，出锅蘸汁食用。

芋头烧扁豆

蔬菜

原料 芋头300克，扁豆200克，青蒜10克

调料 植物油、料酒、酱油、白糖、盐各适量

做法

1. 芋头刮去皮，洗净，切块。扁豆撕去筋洗净，切段。青蒜洗净，切碎。

2. 锅内加水，烧开，分别将扁豆段、芋头块入锅焯一下，捞出，沥干。

3. 炒锅中倒入少许油，放入扁豆段、芋头块煸炒，加入料酒、白糖、盐、酱油、清水，烧至汤汁浓稠，芋头块成熟，入味时盛出装盘，撒上青蒜碎即可。

原料 芋头300克，米粉适量

调料 淀粉、五香粉、植物油、酱油、盐各适量

做法

1. 芋头去皮洗净，切成厚块。

2. 将芋头块放盆中加植物油、盐、酱油拌匀。

3. 将淀粉、米粉、五香粉逐一撒入放芋头的盆中，拌匀，尽量使每一块芋头都裹上米粉。

4. 将拌好的芋头块平铺在笼屉上，上蒸锅，旺火蒸25分钟，至熟烂即可。

粉蒸芋头 蔬菜

咸酥藕片 蔬菜

糖醋藕排 蔬菜

原料 藕350克

调料 香葱、面粉、腐乳汁、芝麻、色拉油、椒盐各适量

做法

1. 藕洗净去皮，切成藕片。

2. 将切好的藕片加腐乳汁调匀，腌渍片刻。

3. 锅内加油烧热，将腌好的藕片拍面粉炸熟，捞出沥油备用。

4. 锅留一点油，加入香葱、椒盐、芝麻略炒，倒入炸好的藕片翻炒均匀，出锅即可。

原料 莲藕、番茄块各200克，青尖椒条50克

调料 面粉、淀粉、苏打粉、食用油、番茄酱、醋、白糖、盐各适量

做法

1. 莲藕去皮洗净，切条，撒上淀粉拌匀。

2. 将面粉、淀粉拌匀，放少许的盐、苏打粉、水，调成糊状。将莲藕条裹上面糊放油锅里炸至表层变脆。

3. 另起锅热少许油，倒入适量番茄酱，加入少量醋、少许盐、白糖、水，翻炒，再倒入青尖椒条和番茄块，转成文火，并用少许水淀粉勾芡成糊状，最后将炸好的莲藕条倒入锅中，转旺火，快速炒匀出锅。

油焖茭白

原料 茭白800克

调料 葱花、花椒粒、植物油、香油、生抽、白糖、盐各适量

做法

1. 茭白削去外皮，洗净，切成均匀的滚刀块。

2. 锅内加水，烧开，加盐，倒入茭白块焯一下，捞出，过凉水，沥干。

3. 锅入油烧至五成热，放入花椒粒炸出香味后捞出，下入切好的茭白块，再放入生抽、白糖、盐、足量的水，盖紧锅盖，中火烧焖，在焖的过程中加少许香油，继续焖，直到菜熟烂，汤汁收干盛出，撒葱花即可。

白果炒百合

原料 白果(银杏)100克，百合15克，西芹300克，鲜红辣椒丁10克

调料 水淀粉、植物油、白糖、盐各适量

做法

1. 白果去壳，取仁，洗净。西芹洗净，切成斜段。百合洗净。

2. 锅内加水，烧开，分别放入白果仁、西芹段、百合，焯一下，捞出，过凉水，沥干。

3. 锅置火上倒油，待油热后放入鲜红辣椒丁炒香，再加入西芹段、白果仁，调入白糖、盐炒匀，下百合炒至菜熟，用水淀粉勾芡即可。

扒鲜芦笋

原料 芦笋500克，肉丝30克

调料 葱末、姜末、水淀粉、鸡汤、植物油、香油、料酒、白糖、盐各适量

做法

1. 芦笋去掉老根、皮，洗净，切段。

2. 锅内加水，烧开，加少许盐、油，放入芦笋段，焯一下，捞出，过凉水，沥干。

3. 锅中加油烧热，放葱末、姜末爆香，放入芦笋段、肉丝煸炒，烹入料酒、盐、白糖，加鸡汤温火烧至菜烂，用水淀粉勾芡，加入香油即可。

原料 莴笋尖300克，肉末10克

调料 蒜末、水淀粉、猪油、鲜汤、盐各适量

油焖莴笋尖 蔬菜

做法

1. 莴笋的嫩尖部分去掉叶和外皮，洗净，切成细条。

2. 锅内加水，烧开，加少许盐，放入莴笋条，焯一下，捞出，过凉水，沥干，撒上盐腌2小时，除掉涩水。

3. 锅入油烧热，将莴笋条稍过一下油，捞出，装盘备用。

4. 另起油锅，爆香蒜末，放入莴笋条、肉末爆炒片刻，加入盐、鲜汤，盖上盖，旺火烧开，转中火焖，加少许油，直至笋条熟烂，用水淀粉勾芡即可。

油泼双丝 蔬菜

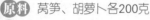

豉香春笋丝 蔬菜

原料 莴笋、胡萝卜各200克

调料 干辣椒丝、植物油、甜面酱、白糖、盐各适量

做法

1. 莴笋去老皮，洗净，切丝。胡萝卜去皮，洗净，切丝，装入大碗内。

2. 锅内加水，烧开，加少许盐，分别放入莴笋丝、胡萝卜丝焯一下，捞出，过凉水，沥干。

3. 将莴笋丝、胡萝卜丝加白糖、盐、甜面酱，撒上干辣椒丝拌匀。

4. 锅入油烧热，趁油热淋在双丝上即可。

原料 春笋300克，肉丝50克，红椒丝10克

调料 蒜末、豆豉、胡椒粉、植物油、生抽、料酒、白糖、盐各适量

做法

1. 新鲜的春笋，剥皮，洗净，切丝。肉丝用生抽、糖、料酒、胡椒粉、盐腌入味。

2. 锅入油烧热，爆香蒜末、豆豉，入腌好的肉丝翻炒2分钟，盛盘，备用。

3. 另起油锅，放入红椒丝炒断生，倒入肉丝、春笋丝翻炒几下，调入盐、生抽炒至菜熟，出锅即可。

蛋炒竹笋丁

原料 竹笋150克，鸡蛋4个，胡萝卜1根

调料 葱花、植物油、盐各适量

做法

1. 竹笋去老皮，洗净，切丁。胡萝卜去皮，洗净，切丁。

2. 将鸡蛋打入大碗内，加盐、葱花拌匀。

3. 锅入油烧热，倒入鸡蛋液，煎熟，盛盘备用。

4. 另起油锅，放入胡萝卜丁、竹笋丁炒断生，倒入鸡蛋，调入盐炒熟，出锅即可。

外婆煎春笋

原料 春笋300克，梅干菜30克

调料 葱花、姜末、蒜末、干椒段、猪油、香油、红油、酱油、盐各适量

做法

1. 春笋剥壳、砍去老根，洗净切成厚圆片，装入大碗中，入笼蒸至断生，取出后沥尽蒸汁。梅干菜洗净。

2. 锅入猪油烧热，下入春笋片，煎至金黄色后出锅装入盘中。另起油锅放入干椒段、蒜末、姜末爆香，随后下入煎好的春笋片、梅干菜，放盐、酱油炒入味，倒少许蒸汁焖一会儿，待汤汁收干时撒下葱花，淋香油、红油，出锅装入盘中。

干烧冬笋

原料 冬笋尖250克，水发冬菇、胡萝卜、青豆各25克

调料 葱末、豆瓣、料酒、素汤、白糖、盐各适量

做法

1. 冬笋洗净，切片，切粗长条。将冬菇、胡萝卜分别洗净，切丁。青豆洗净，入沸水锅中焯一下，捞出，沥干，备用。分别将冬笋条、冬菇丁、胡萝卜丁下沸水中焯一下，捞出。

2. 用葱末爆锅，下豆瓣炒出红油，再投冬笋条、冬菇丁、胡萝卜丁、青豆，加料酒、素汤、盐、白糖，烧开后用文火煨10分钟，改中火收汁，至汁尽油清时装盘即可。

原料 莴笋300克，胡萝卜、白萝卜各200克

调料 葱花、姜片、花生油、盐各适量

做法

1. 莴笋去皮，洗净，削成圆球。胡萝卜去皮，洗净，削成圆球。白萝卜去皮，洗净，削成圆球，各15个。

2. 锅内加水，烧开，将莴笋球、胡萝卜球、白萝卜球放入锅内，焯一下，捞出，沥干。

3. 锅入油烧热，放入葱花、姜片爆香，放入莴笋球、胡萝卜球、白萝卜球，调入适量盐，加充足水，用旺火煮沸，改为文火炖至入味，出锅装盘即可。

素烧三圆 · 蔬菜

干煸青椒苦瓜 · 蔬菜

原料 青椒150克，苦瓜250克

调料 葱段、姜片、干辣椒段、花生油、酱油、盐各适量

做法

1. 苦瓜从中间切开，挖净瓤，洗净，切细条。青椒去籽，洗净，切条。

2. 锅内加水，烧开，放入苦瓜条焯一下，捞出，过凉水，备用。

3. 炒锅烧热，把辣椒条和苦瓜条同时下锅，用文火慢慢煸炒，待水分将干时倒出备用。

4. 锅入油烧热，把葱段、姜片、干辣椒段入锅稍炒，随即把青椒条和苦瓜条、酱油、盐一起放入锅中，炒熟即可。

雪菜炒苦瓜 · 蔬菜

原料 苦瓜300克，雪菜50克，红椒圈20克

调料 葱末、姜末、蒜末、食用油、辣椒油、生抽、盐各适量

做法

1. 苦瓜去瓤洗净，切条，入沸水锅中焯一下捞出，冲水控干。雪菜洗净，切末备用。

2. 锅入油烧热，放葱末、姜末、蒜末、红椒圈爆香，放入雪菜末煸炒1分钟，盛盘。

3. 另起油锅，放入苦瓜条熘炒片刻，加雪菜末，用盐、生抽调味，翻炒均匀，淋辣椒油出锅即可。

扒苦瓜

蔬菜

原料 苦瓜400克，洋葱90克，土豆200克

调料 植物油、辣酱油、胡椒粉、面粉、醋、白糖、盐各适量

做法

1. 苦瓜去瓤，洗净，切滚刀块，撒上胡椒粉，淋上辣酱油拌匀，再放入面粉挂浆，入油锅中炸至呈金黄色捞出。土豆去皮，洗净，切片，入油锅中炸至金黄色捞出。

2. 洋葱去皮，洗净，切丝，入油锅炒至半熟，放入炸好的苦瓜块，倒入少许辣酱油，醋、白糖用文火煨烧片刻，盛入盘中。

3. 将炸好的土豆片加盐铺在盘底，浇上苦瓜块洋葱丝即可。

辣味丝瓜

蔬菜

原料 丝瓜350克，红辣椒40克

调料 葱段、姜丝、料酒、猪油、盐各适量

做法

1. 丝瓜去皮、去瓤，洗净，切薄片。红辣椒去蒂、籽，洗净，切成菱形片。

2. 锅内加水，烧开，加盐，放入丝瓜片焯一下，捞出，过凉水，盛盘。

3. 锅入猪油烧热，放入葱段、姜丝、红辣椒片一起爆锅，炸出香味，下入丝瓜片翻炒片刻，放入盐、料酒，将菜翻炒均匀，出锅盛盘食用。

毛豆仁烧丝瓜

蔬菜

原料 毛豆仁350克，丝瓜400克

调料 葱花、蒜片、高汤、植物油、盐各适量

做法

1. 丝瓜削皮洗净，斜切块，入沸水中，加盐，焯一下。毛豆仁洗净，入沸水锅中焯一下，捞出，过凉水，备用。

2. 锅倒油烧至五成热，下葱花、蒜片炒香，再放入毛豆仁、丝瓜块炒熟。

3. 倒入适量高汤，烧至汤汁将干，加盐调味即可。

原料 丝瓜300克

调料 葱花、蒜末、胡椒粉、熟猪油、辣椒油、盐各适量

做法

1. 锅入辣椒油烧热，把蒜末爆香后加入盐，备用。

2. 把丝瓜去皮，洗净，切块，排放在碟里，用小匙把爆香的蒜末铺在上面，加盐、胡椒粉拌匀。

3. 锅置火上，加适量熟猪油，烧热，备用。

4. 蒸锅加水烧开后，将丝瓜块放入蒸锅，盖紧锅盖，蒸3分钟后，取出，撒上葱花，淋上熟猪油即可。

蒜末蒸丝瓜 蔬菜

湘味蒸丝瓜 蔬菜

原料 丝瓜2根，剁椒250克，粉丝10克

调料 葱花、料酒、蚝油、植物油、白糖、盐各适量

做法

1. 粉丝提前在凉水中泡发备用。丝瓜去皮，洗净，切滚刀块，浸入凉水中以防氧化变黑。

2. 锅中倒油，待油温达五成热时，放入葱花和剁椒翻炒出香味，此时加入蚝油、料酒、盐、白糖翻炒均匀，盛盘备用。

3. 将泡好的粉丝码入盘中，将丝瓜块倒在上面，再将刚才炒好的剁椒放在上面。

4. 蒸锅加水，将丝瓜块、粉丝入锅蒸10分钟，淋热油即可。

蛋黄炒茄排 蔬菜

原料 茄子300克，咸蛋黄、胡萝卜各50克

调料 葱花、淀粉、植物油、盐各适量

做法

1. 茄子去皮，洗净，切条。咸蛋黄剁碎末。胡萝卜洗净，切丁备用。

2. 将茄条撒上淀粉，使每个茄条都裹上淀粉。

3. 锅入油烧热，待油温至八成热时，将茄条下锅炸至金黄色，捞出，控油。

4. 另起锅入油烧热，油温至三成热时，放入咸蛋黄碎和胡萝卜丁煸炒片刻，下茄条，调入盐炒匀，撒上葱花即可。

豆角炒茄子

原料 豆角、茄子各 200 克

调料 葱末、姜末、蒜末、泡椒碎、食用油、酱油、辣椒油、白糖、盐各适量

做法

1. 豆角去筋洗净，切段。茄子洗净，切条。

2. 锅内加水、盐烧开，分别放入豆角段、茄子条，焯断生，捞出，过凉水，沥干，装盘备用。

3. 锅入油烧热，放入葱末、姜末、蒜末、泡椒碎爆香，放入豆角段、茄子条煸炒片刻，调入适量盐、白糖、酱油翻炒至菜熟，浇辣椒油盛出装盘即可。

炸熘茄子

原料 鲜茄子500克，水发木耳50克，鸡蛋清30克

调料 葱段、蒜片、面粉、淀粉、猪油、香油、酱油、盐各适量

做法

1. 茄子除去蒂，洗净，切成小块，加盐、鸡蛋清、淀粉、面粉和匀，使茄块裹上一层蛋粉糊。木耳洗净，撕成小片。

2. 锅上火，加入猪油用中火烧至七八成热时，将茄块放入，炸成金黄色时，捞出控油。

3. 锅内留少许底油，加入葱段、蒜片爆香，放入酱油、清水、木耳，烧沸，加盐调味，勾芡，倒入炸好的茄块拌匀，滴入香油即可。

东北地三鲜

原料 茄子150克，土豆100克，青椒、红椒各50克

调料 葱花、蒜末、水淀粉、高汤、食用油、酱油、白糖、盐各适量

做法

1. 土豆去皮，洗净，切块。茄子洗净，切滚刀块。青椒、红椒去蒂、去籽，洗净，切片。

2. 锅入油烧热，放入土豆块，炸至金黄捞出。再将茄子块倒入，炸至金黄，放入青椒片、红椒片略炸，一同捞出。

3. 锅内留少量余油，放入葱花、蒜末爆香，加入少量高汤、酱油、白糖、土豆块、茄子块、青椒片、红椒片略烧，调入盐炒匀，用水淀粉勾芡出锅即可。

原料 茄子500克，海米30克，青椒末、红椒末各15克

调料 蒜末、香油、酱油、盐各适量

做法

1. 茄子切去两头，洗净，隔水蒸熟，撕成粗条，切成7厘米长的段，装盘。

2. 将海米、蒜末、青椒末、红椒末依次摆放在茄子上。

3. 把酱油、香油、盐放入碗中调和后，浇在茄子上即可。

清蒸茄子

蔬菜

咸蛋黄烧茄子

蔬菜

原料 咸鸭蛋黄50克，茄子300克

调料 葱花、蒜末、姜末、醋、水淀粉、高汤、植物油、香油、白糖、盐各适量

做法

1. 咸蛋黄切丁。茄子去皮，洗净，切条，放水中浸泡15分钟。

2. 锅入油烧至七成热，下入茄条炸透，倒入漏勺，控油。

3. 锅入油，下入葱花、姜末、蒜末爆香，倒入咸鸭蛋黄炒散，下入茄条，加高汤、盐、白糖、醋烧开，用水淀粉勾芡，淋香油，装盘撒上葱花，即可。

豆豉茄子烧豆角

蔬菜

原料 豆角200克，茄子200克，豆豉30克

调料 蒜末、干辣椒丝、食用油、酱油、料酒、白糖、盐各适量

做法

1. 豆角去筋，洗净，切段。茄子洗净，切条。

2. 锅入油烧热，将豆角段和茄子条放入热油锅中，炸一下捞出控油备用。

3. 锅中留油烧热，放入蒜末、干辣椒丝、豆豉爆香，放入豆角段和茄条，调入适量料酒、酱油、白糖、盐炒匀，旺火收汁，出锅即可。

鱼香茄子 蔬菜

原料 茄子300克，泡辣椒20克

调料 葱花、鲜汤、菜油、淀粉、酱油、醋、料酒、白糖、盐各适量

做法

1. 茄子去蒂，洗净，对剖，切条。泡辣椒洗净去籽、去蒂，剁成末。

2. 锅入油烧热，放入茄子条炸，待炸至刚熟变软时捞出。

3. 锅内留少许菜油，放入泡辣椒末炒香至油呈红色，加入茄条煸炒，调入适量盐、料酒、酱油、鲜汤、白糖调好口味，以文火加热烧开，待烧至茄子条软熟入味，汤汁不多时，加入醋、葱花，用淀粉勾芡，收汁后装盘即可。

慢焖茄豆 蔬菜

原料 黄豆100克，茄子300克

调料 葱花、香菜段、花椒粒、香油、酱油、盐各适量

做法

1. 将茄子洗净，连皮切成大方块。黄豆用水泡24小时，入沸水中焯断生，捞出。

2. 将黄豆、花椒粒放入砂锅，加水(没过黄豆)烧至八成熟，将花椒粒拣出。

3. 将茄块加入砂锅，再加1碗水，烧开后改文火。

4. 茄子块变软后放酱油、盐，再烧至软透，离火放香菜段、葱花，淋上香油即可。

肉酱土豆焖茄子 蔬菜

原料 土豆、茄子各200克

调料 葱花、蒜末、姜末、香菜段、干辣椒段、花椒粉、植物油、肉酱、酱油、白糖、盐适量

做法

1. 土豆去皮，洗净，切块。茄子洗净，切块。

2. 锅内加水，烧开，分别将茄块、土豆块入锅焯水，捞出，装盘。

3. 锅入油烧热，放入葱花、姜末、蒜末、干辣椒段、肉酱炒香，加入土豆块、茄块煸炒断生。

4. 调入适量酱油、盐、白糖、花椒粉，加入足量水，盖紧锅盖，用文火焖熟，出锅前撒上香菜段拌匀即可。

香煎茄片

原料 茄子300克，虾仁20克，鸡蛋2个，青辣椒粒、红辣椒粒各10克，青蒜段适量

调料 葱末、姜末、蒜末、胡椒粉、淀粉、高汤、植物油、生抽、白糖、盐各适量

做法

1. 茄子洗净，切成厚片，用盐腌入味，拍上淀粉，裹上蛋黄液。锅入油烧热，放入茄子片炸至金黄色捞出。

2. 锅内留余油，热油放入姜末、葱末、蒜末，炒出香味时，倒入青椒粒、红椒粒、虾仁、茄子片，调入盐、胡椒粉、生抽、白糖、高汤，烧至茄子软透入味。

3. 用淀粉勾芡，放入青蒜段炒匀出锅即可。

剁椒粉丝蒸茄子

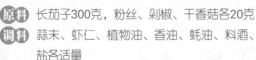

原料 长茄子300克，粉丝、剁椒、干香菇各20克

调料 蒜末、虾仁、植物油、香油、蚝油、料酒、盐各适量

做法

1. 粉丝用沸水泡软，沥干水分，铺在碗底。香菇用水泡发，切丁。将长茄子洗净，切条，入沸水中焯一下，加料酒、盐腌15分钟。

2. 锅入油烧热，将茄条入锅先煎一下变软。将煎好的茄子条放在粉丝上面。茄子条上再放泡发好的香菇丁、虾仁、剁椒和蒜末。

3. 最后浇上香油、蚝油入蒸锅，旺火蒸5分钟即可。

冬瓜双豆

原料 冬瓜200克，青豆、黄豆各50克，胡萝卜30克

调料 植物油、酱油、盐各适量

做法

1. 冬瓜去皮、去瓤，洗净，切丁。胡萝卜去皮，洗净，切丁。

2. 锅内加水烧开，分别放入冬瓜丁、胡萝卜丁焯一下，捞出，过凉水，备用。

3. 将黄豆用水泡发24小时，洗净入沸水中煮熟。青豆洗净，入沸水中煮熟。

4. 锅入油烧热，放入青豆、黄豆煸炒片刻，加入冬瓜丁、胡萝卜丁，调入盐、酱油炒熟即可。

什锦炒冬瓜 蔬菜

原料 冬瓜150克，南瓜150克，木耳3克，芥蓝30克，胡萝卜30克，红菜椒30克

调料 葱末、姜末、料酒、盐、食用油各适量

做法

1. 把冬瓜、南瓜分别洗净，去皮，切块状，摆在碗里上锅蒸熟。

2. 木耳水发后洗净撕小块。芥蓝洗净，切片条。胡萝卜洗净切片条。红菜椒洗净，切片条。

3. 油锅烧热，放入葱末、姜末爆香，加入冬瓜块、南瓜块、木耳、芥蓝条、胡萝卜条、红菜椒条翻炒，调入料酒、盐炒匀即可。

野山椒蒸冬瓜 蔬菜

原料 冬瓜300克，野山椒适量

调料 姜末、蚝油、白糖、生粉、食用油、盐各适量

做法

1. 冬瓜洗净切厚片，整齐地摆入盘中。野山椒洗净后用刀在表面划几道。

2. 起锅热少许油，放入姜末、野山椒爆香，加入少许水、盐、白糖调成汁，然后浇在冬瓜表面上，放入蒸锅蒸5~10分钟，取出后倒出盘中多余的水分。

3. 另起锅热少许油，倒入约两大匙蚝油，略烧后，用生粉勾薄芡，最后将蚝油芡汁淋在冬瓜上即可。

干烧雪菜南瓜 蔬菜

原料 南瓜350克，肉粒100克，雪菜，冬笋，冬菇各50克

调料 葱末、姜末、蒜末、干辣椒、淀粉、植物油、醋、白糖、盐各适量

做法

1. 南瓜洗净去皮，切条。冬笋、冬菇分别洗净条。雪菜洗净切成粒。

2. 锅入油烧至五成热，将南瓜、冬笋、冬菇炸一下，至表面呈金黄色，出锅。

3. 油锅烧热，放入肉粒、干辣椒、雪菜、葱末、姜末、蒜末煸香，放入水，加盐、白糖、淀粉、醋，放入南瓜、冬笋、冬菇焖熟收汁即可。

原料 四季豆200克，五香蒸肉米粉50克

调料 清鸡汤、植物油、生抽、郫县豆瓣酱、白糖各适量

做法

1. 四季豆择去头尾，撕去老筋，洗净，切成两段。

2. 取一大碗，加五香蒸肉米粉、生抽、郫县豆瓣酱、油、白糖和鸡汤调匀备用。

3. 将四季豆放入大碗内，与粉蒸酱汁一同抓匀，排放于盘中盖上一层保鲜膜静置30分钟。上笼，加盖旺火隔水清蒸15分钟，取出撕去保鲜膜即可。

粉蒸四季豆　蔬菜

干煸四季豆　蔬菜

金钩四季豆　蔬菜

原料 四季豆300克，肉馅50克

调料 葱末、姜末、小红辣椒、生抽、醋、白糖、植物油、盐各适量

做法

1. 小红辣椒洗净，斜切成小段。四季豆择去两端硬筋，洗净，沥干水分。

2. 锅入油烧热，将四季豆下入炸至略起褶皱时取出，沥干油。

3. 锅中另放入油，将葱末、姜末炒香后，再把肉馅下锅炒散，倒入四季豆、小红辣椒段及生抽、糖、盐和适量水拌炒至汤汁收干，淋下醋拌匀，即可起锅。

原料 四季豆500克，金钩（海米）15克

调料 葱段、姜片、盐、胡椒粉、水淀粉、高汤、色拉油各适量

做法

1. 四季豆去筋，洗净切段。金钩洗净，沥干。

2. 锅入油烧至七成热，下葱段、姜片爆香，放入四季豆煸炒2分钟，倒入金钩，加入高汤烧沸，转文火烧焖至入味，调入盐、胡椒粉，用水淀粉勾薄芡，出锅装盘即可。

腐竹烧扁豆

原料 扁豆300克，香菇、牛肉末、胡萝卜各100克，腐竹10克

调料 葱末、姜末、蒜末、胡椒粉、水淀粉、酱油、蚝油、料酒、白糖、盐、食用油各适量

做法

1. 扁豆洗净，切块，过油炸一下，捞出备用。牛肉末中加入盐、酱油、料酒、油拌匀，腌渍片刻。香菇洗净，切片。腐竹泡发洗净，切段。胡萝卜洗净，切丁。

2. 锅点火倒油，将牛肉末放入煸炒至变色后加入葱姜蒜末、香菇、腐竹、胡萝卜翻炒，加盐、料酒、蚝油、胡椒粉、白糖调味，再放入扁豆翻炒，水淀粉勾芡，炒匀即可。

扁豆蒸油渣

原料 油渣100克，扁豆300克

调料 蒜末、干红椒末、豆豉、花生油、酱油、盐各适量

做法

1. 扁豆洗净，切丝。入沸水锅中焯一下，捞出，沥干。

2. 锅入油烧热，放入蒜末、干红椒末、豆豉炒香，下入扁豆丝煸炒，加酱油、盐炒匀，装盘备用。

3. 将油渣放在炒好的扁豆上，上笼蒸8分钟即可。

百合炒蚕豆

原料 鲜百合2个，新鲜蚕豆200克，鲜红泡椒50克，水发木耳50克

调料 姜末、蒜末、水淀粉、鲜汤、植物油、香油、白糖、盐各适量

做法

1. 新鲜蚕豆剥去外皮，洗净，入油锅中炸至起泡。鲜百合剥散，洗净。鲜红泡椒去蒂、去籽，洗净后切成菱形片。水发木耳洗净，撕小片。

2. 锅内留底油，下入姜末、蒜末煸香，加蚕豆、红泡椒片、木耳片煸炒几下后，放盐、白糖，炒匀后放鲜汤，勾薄芡，下入百合炒熟后淋香油即可。

原料 蚕豆300克

调料 葱末、姜末、花椒粉、辣椒粉、食用油、白糖、盐各适量

做法

1. 嫩蚕豆洗净沥干，煮熟。

2. 锅入油烧热，放入葱末、姜末爆香，加入蚕豆翻炒匀，再加入盐、白糖、辣椒粉，继续炒1分钟左右，放入花椒粉炒匀即可。

麻辣蚕豆　蔬菜

荸荠兰豆　蔬菜

三彩素菜　蔬菜

原料 荷兰豆200克，去皮的荸荠、素鲜鱿各100克

调料 葱末、姜末、豆豉酱、白糖、盐、食用油各适量

做法

1. 荷兰豆洗净一切为二。荸荠洗净切厚片。素鲜鱿洗净。

2. 将荸荠入沸水中焯断生，捞出，沥干。荷兰豆入沸水中焯断生。

3. 油锅烧热，爆香葱末、姜末、豆豉酱，放入荷兰豆、荸荠、素鲜鱿翻炒至熟，调入盐、白糖即可。

原料 荷兰豆200克，熟玉米粒200克

调料 葱丝、蒜末、红尖椒段、植物油、蘑菇精、盐各适量

做法

1. 荷兰豆洗净，切段，入沸水中焯至断生。

2. 锅入油烧热，下入葱丝、蒜末爆香，放入荷兰豆翻炒几下后，倒入熟玉米粒、红尖椒段爆炒，加入盐、蘑菇精调味即可。

家常红薯粉

原料 水发红薯粉400克，肉泥75克，腊八豆5克，菠菜100克

调料 葱花、姜末、蒜末、干椒段、鲜汤、辣妹子辣酱、豆瓣酱、香油、植物油、蚝油、盐各适量

做法

1. 锅内放油，烧至八成热，下入姜末、蒜末、干椒段、肉泥翻炒片刻，放盐、腊八豆、辣妹子辣酱、豆瓣酱煸炒至肉泥回油，下入已泡好的红薯粉，一同翻炒几分钟后稍加鲜汤，放蚝油。

2. 将红薯粉炒糯出锅装盘，撒上葱花，淋上香油即可。

鱼香长豆角

原料 豆角300克，干红辣椒50克

调料 葱末、姜末、蒜末、料酒、植物油、白糖、盐、豆瓣酱各适量

做法

1. 豆角洗净，掐头去尾去筋，斜切成细丝。干红辣椒洗净掰成小段。

2. 油锅烧热，放入葱末、姜末、蒜末、干红辣椒段、豆瓣酱爆香，放入豆角丝翻炒，倒入料酒，加白糖、盐、水，炒匀后烧几分钟至豆角熟透即可出锅。

豆芽炒腐皮

原料 绿豆芽150克，豆腐皮200克

调料 葱丝、姜丝、香菜段、植物油、香油、盐各适量

做法

1. 绿豆芽洗净，控水。豆腐皮切成长的丝。

2. 净锅置火上，加入植物油烧热，下入葱丝、姜丝煸出香味，再放入豆腐皮、绿豆芽翻炒至绿豆芽熟时，下入香菜段、盐、香油即可。

原料 黄豆芽300克，青、红尖椒各50克

调料 姜末、香油、盐、食用油各适量

做法

1. 青、红尖椒洗净，切丝。黄豆芽择去根尖部洗净，用滚水焯15秒马上捞起过凉水备用。

2. 锅入油烧热，下入姜末爆香，放入青、红尖椒丝、黄豆芽一起快速翻炒，用盐、香油调味后即可。

素炒黄豆芽

蔬菜

辣炒葫芦瓜

蔬菜

原料 葫芦300克

调料 葱花、小米辣椒、植物油、生抽、醋、盐各适量

做法

1. 葫芦洗净，去蒂切片。小米辣椒洗净切圈。

2. 炒锅倒油烧至九成热，下入小米辣椒炒香，放入葫芦片略炒。

3. 添入生抽、醋、盐调味，加葱花炒匀出锅即可。

清炒甜豆

蔬菜

原料 甜豆400克，胡萝卜1根

调料 葱末、姜末、高汤、水淀粉、植物油、料酒、盐各适量

做法

1. 把甜豆筋去掉，洗净，切段。胡萝卜洗净，切片。

2. 锅入清水烧热，加适量的盐、油，放甜豆焯水，捞出控水。

3. 锅上火烧热，入油热后，放入葱末、姜末炝锅，放甜豆、胡萝卜片、盐、料酒、高汤，颠炒一下，用水淀粉勾芡，淋明油炒匀，出锅装盘，即可食用。

田园小炒 蔬菜

原料 甜豆100克,黑木耳5克,莲藕、胡萝卜各200克

调料 植物油、香油、生抽、盐、红辣椒末各适量

做法

1. 甜豆洗净,切长条。莲藕洗净,切薄片。黑木耳洗净,水发,撕片。胡萝卜洗净,切小片。

2. 油锅烧热,放入红辣椒末炒香,放进全部原料、生抽一起滑炒,炒至熟,下盐,炒匀,淋上香油装盘即可。

五宝鲜蔬 蔬菜

原料 菜胆300克,木耳5克,胡萝卜、草菇、口蘑各50克

调料 盐、水淀粉、食用油各适量

做法

1. 菜胆掰成一片片的洗净。干木耳用凉水泡开去蒂洗净撕成小块。草菇和口蘑用水焯一下切成厚片。胡萝卜洗净切片,备用。

2. 起锅热少许油,放入菜胆快速翻炒,用盐调味出锅,摆在盘底。

3. 另起锅热少许油,依次放入胡萝卜、木耳、口蘑、草菇,快速翻炒,也用盐调味,并勾薄芡出锅,盛到刚才摆好的菜胆上。

蒜薹炒山药 蔬菜

原料 山药100克,蒜薹100克,红椒20克

调料 盐、植物油各适量

做法

1. 将山药去皮洗净,斜切成片;蒜薹洗净,切段;红椒洗净切丝。

2. 热锅下油,放入蒜薹段和山药片翻炒至八成熟,然后加入红椒丝翻炒至熟。

3. 调入盐炒匀即可。

原料 平菇 500克

调料 蒜片、淀粉、高汤、胡椒粉、红辣椒末、酱油、料酒、油、盐各适量

做法

1. 平菇去掉老根，洗净切片。

2. 锅中放适量水烧开，下平菇稍煮，捞出。

3. 锅入油烧热，放入蒜片、红辣椒末爆香，烹入料酒、酱油、高汤，下平菇烧开，移至文火上，慢烧，待平菇烧透，调入盐、胡椒粉炒匀，勾芡，出锅即可。

红烧平菇

红烧家乡菇

平菇焖茭白

原料 鲜平菇500克，韭菜100克

调料 蒜、酱油、料酒、胡椒粉、水淀粉、熟猪油、盐各适量

做法

1. 平菇去掉老根，洗净切片。蒜剥净皮，切片。韭菜洗净，切段。

2. 锅内放适量水烧开，下平菇稍煮，捞出。

3. 锅入熟猪油烧热，放入蒜片爆香，烹入料酒、酱油，添水，随即把平菇下锅，烧开，移至文火慢烧，待平菇烧透，加韭菜段，调入盐、胡椒粉炒匀，勾芡，出锅即可。

原料 平菇200克，茭白200克，青椒30克，洋葱30克

调料 煮蘑菇汁、水淀粉、高汤、色拉油、盐各适量

做法

1. 平菇去柄洗净切片。茭白去皮洗净，切滚刀块，分别将平菇、茭白入热盐水中焯透。青椒洗净，切块。洋葱去皮，洗净，切片备用。

2. 锅入油烧热，放洋葱炒至变软时，下入蘑菇汁、高汤烧开，放入平菇、茭白、青椒，转文火焖至入味，再加入盐、水淀粉勾芡，翻炒均匀出锅即可。

平菇素火腿

原料 鲜平菇、冬笋丝、荸荠丝、豆腐皮各100克，鸡蛋2个，面粉100克

调料 淀粉、花生油、白糖、盐各适量

做法

1. 平菇去蒂洗净，入沸水焯一下捞出，切成细丝。鸡蛋清磕入碗中，加入淀粉，调成蛋清浆。另取一碗，将蛋黄和另一个鸡蛋磕入碗内，并加面粉和适量水调成蛋糊。

2. 油锅烧热，放入平菇丝、冬笋丝、荸荠丝煸炒，加盐、白糖，用水淀粉勾芡出锅盛入容器，成馅料。

3. 豆腐皮摊在案板上，抹蛋清浆，放上馅料，包成生坯。油锅烧热，放入挂蛋糊的生坯，炸至金黄色捞出即可。

香酥鲜菇

原料 鲜平菇300克，鸡蛋1个

调料 葱花、花椒盐、淀粉、色拉油各适量

做法

1. 平菇洗净，切条。

2. 将鸡蛋打入碗内搅匀，加淀粉，拌成鸡蛋糊，将平菇条裹上鸡蛋糊。

3. 油锅烧热，待油温升至九成热时，放入平菇条炸至色泽金黄、酥脆。捞出沥油，放在盘中，撒上葱花，带花椒盐一起上桌即可。

番茄炒香菇

原料 番茄200克，鲜香菇200克

调料 葱末、蒜末、盐、食用油、白糖各适量

做法

1. 番茄洗净，沸水中烫一下，去皮，切片。鲜香菇去蒂，洗净，切片。

2. 油锅烧热，放入葱末、蒜末爆锅，加入番茄翻炒，待番茄炒软后，放入鲜香菇片，用盐调味，翻炒均匀，出锅前加白糖炒匀，出锅即可。

原料 蕨菜200克，香菇、胡萝卜、豇豆各100克

调料 葱末、姜末、水淀粉、植物油、酱油、料酒、盐各适量

做法

1. 蕨菜洗净，入沸水焯烫，捞出沥干，切段。香菇用温水泡好，切成粗丝。胡萝卜洗净，切丁。豇豆洗净，切段，入沸水中焯断生。

2. 将料酒、酱油、水淀粉、盐放入小碗中，搅拌均匀，调制成汁。

3. 锅入油烧热，放入葱末、姜末炒香，放蕨菜段、香菇丝、胡萝卜丁、豇豆段同炒，浇入调好的汁，翻炒均匀即可。

香菇炒蕨菜

香菇山药

酱烧香菇

原料 山药300克，鲜香菇4朵，青柿子椒100克，胡萝卜100克

调料 葱段、酱油、胡椒粉、盐、食用油各适量

做法

1. 胡萝卜、山药洗净，去皮切片。香菇洗净，切薄片，放入盐水中浸泡，以免发黑。柿子椒洗净，切片备用。

2. 锅入油烧热，放入葱段爆香，放入山药片、香菇片、胡萝卜片、柿子椒片炒匀，淋少许酱油调味。

3. 加少许水，以中火焖煮10分钟至山药熟软，再加入盐和胡椒粉调味，盛出即可。

原料 鲜香菇200克，红辣椒15克

调料 葱花、葱段、姜块、小茴香、肉蔻、八角、陈皮、草果、香油、油、老汤、盐、老抽各适量

做法

1. 香菇洗净。红辣椒洗净，切成粒。

2. 锅入油烧热，先下入葱段、姜块炒香，再放入八角、陈皮、小茴香、草果、肉蔻炒匀，倒入老汤烧沸。加入老抽、盐稍煮5分钟，捞出杂质成酱汤。

3. 香菇放入酱汤中，用文火酱约10分钟，再转旺火收浓酱汤。撒入葱花、辣椒粒炒拌均匀，淋入香油，出锅装盘即可。

双菇烧鹌鹑蛋

原料 菜心300克，蘑菇、水发香菇、番茄各100克，鹌鹑蛋2个

调料 鸡汤、盐各适量

做法

1. 鹌鹑蛋磕入调羹内，上笼蒸约3分钟。菜心洗净。水发香菇、蘑菇分别洗净，切厚片。番茄洗净去皮，切成瓣状。

2. 炒锅置旺火上，加入鸡汤，再放入香菇、蘑菇、菜心、番茄块、盐烧沸，将菜心、香菇、蘑菇、番茄块拣入大圆盘内，再将蒸熟的鹌鹑蛋放在菜心上面。

烧芝麻香菇

原料 干香菇6朵，青椒、黄椒各50克，白芝麻5克

调料 调料A（酱油、白糖、胡椒粉）、调料B（豆瓣酱、香油）、地瓜粉、植物油各适量

做法

1. 青椒、黄椒洗净，去蒂除籽，切成菱形片。

2. 干香菇洗净，放入水中浸泡至松软膨胀，取出沥干，去蒂，切条，加入调料A拌匀，腌约10分钟。

3. 腌好的香菇条加入地瓜粉拌匀，放入热油中炸至浮出油面，捞起后沥干油，撒上白芝麻拌匀。

4. 锅中留油继续烧热，放入青椒、黄椒翻炒一下，再加入炸好的香菇、调料B和适量清水一起翻炒均匀，即可。

香菇冬笋

原料 鲜香菇200克，冬笋200克，青椒丁20克

调料 葱末、姜末、川味辣酱、水淀粉、植物油、辣椒油、料酒、白糖、盐各适量

做法

1. 鲜香菇洗净，切丁。冬笋洗净，切丁，并将以上两种原料入沸水锅中浸烫一下，捞出控水。

2. 油锅烧热，放入葱末、姜末、川味辣酱爆香，加入料酒、盐、白糖调味，放入青椒丁、香菇丁、笋丁，旺火翻炒收汁，水淀粉勾芡，淋辣椒油翻匀出锅即可。

原料 水发香菇100克，水面筋200克，鲜蚕豆50克

调料 胡椒粉、水淀粉、清汤、香油、猪油、酱油、盐各适量

做法

1. 香菇洗净去蒂。水面筋用沸水煮过，切成方块。鲜蚕豆洗净去皮，沸水烫一下捞出控水。

2. 炒勺置旺火上，入猪油烧至六成热，下香菇炒出香味，随即下面筋、蚕豆合炒，再放入酱油、盐、胡椒粉调味，淋入清汤。

3. 烧开后，转文火烧制3分钟，待汤汁浓稠时用水淀粉调稀勾芡，盛入盘中，再淋入香油即可。

香菇油面筋

糖醋香菇盅

小土豆焖小香菇

原料 豆腐300克，鲜香菇、胡萝卜、白萝卜、萝卜叶、干香菇、牛蒡、太白粉各15克

调料 植物油、调料A（盐、胡椒粉、香油）、调料B（番茄酱、糖、醋、青椒、黄椒、辣椒丁）各适量

做法

1. 干香菇泡软，去蒂。分别将胡萝卜、白萝卜、萝卜叶、牛蒡洗净切碎，焯水后放凉备用。豆腐压碎，加入胡萝卜碎、白萝卜碎、萝卜叶碎、牛蒡碎、调料A、太白粉拌匀。鲜香菇洗净，去蒂备用。香菇内侧抹太白粉，将豆腐泥盛入香菇内面，入热油中炸3分钟，捞起盛盘。

2. 调料B入锅煮滚，勾成薄芡，淋在香菇盅上即可。

原料 小土豆300克，小干香菇10克

调料 蒜末、香菜段、植物油、牛肉酱、干辣椒段、料酒、盐各适量

做法

1. 将小干香菇泡发，洗净。小土豆削皮洗净，一切两半。

2. 锅入油烧热，煸香干辣椒段、蒜末、牛肉酱、料酒，倒入土豆煸炒一会儿，再倒入香菇炒一会儿。

3. 加少量水，水开后用盐调味，转文火煮8分钟左右。旺火收汁，撒香菜段出锅。

双鲜烩

原料 芦笋100克，鸡翅200克，鲜香菇100克

调料 姜片、葱段、黄酒、食用油、酱油、白糖、高汤、盐各适量

做法

1. 鸡翅清洗干净，吸干水分，放入大碗中，加入葱段、姜片、黄酒、盐略腌，备用。

2. 将香菇浸软去蒂，洗净切条。新鲜芦笋洗净，切段。

3. 油锅烧热，放入姜片、葱段爆香，将鸡翅、香菇同加入炒匀烹入黄酒、高汤，加入白糖、酱油、盐调味。烧开锅改文火焖入味，加入芦笋焖一会儿，出锅即可。

粉蒸香菇

原料 水发香菇300克，米粉100克

调料 姜末、水淀粉、鲜汤、花生油、酱油、料酒各适量

做法

1. 水发香菇去根洗净，控干水分。

2. 炒锅置火上，下入花生油烧至七成热，放入香菇煸炒，加酱油、姜末、料酒、鲜汤烧至卤汁浓稠，用水淀粉勾芡，装入碗内冷却，再加米粉拌匀。

3. 将拌好的香菇米粉，放入蒸锅中，蒸20分钟，取出，扣在盘中即可。

彩椒蒸金钱菇

原料 牛肉馅200克，彩椒50克，水发金钱菇100克

调料 淀粉、高汤、鱼露、酱油、料酒、盐各适量

做法

1. 水发金钱菇洗净，用高汤、盐煨好，捞出挤干水分，在香菇里面扑少许干淀粉，将牛肉馅加盐、料酒调味，挤成丸子，酿在金钱菇上，用刀子把面上抹平。

2. 彩椒洗净，切成细末，倒在牛肉馅的顶部，将金钱菇上屉蒸7分钟，取出，整齐地摆在盘中。

3. 炒锅置火上，加入高汤、鱼露、酱油、料酒，汤开后，下水淀粉勾芡，淋于菜肴上即可。

原料 鲜豌豆荚500克，鲜蘑菇50克

调料 葱花、姜末、蒜末、水淀粉、鲜汤、植物油、香油、白糖、盐各适量

做法

1. 鲜蘑菇洗净，沥干水分，切成薄片。鲜豌豆荚去壳得净豆，入沸水锅煮1分钟捞出，用冷水投凉，沥水。

2. 锅中加植物油烧热，下入葱花、姜末、蒜末炒香，投入蘑菇片煸炒几下，加入鲜汤，下入豌豆、盐、白糖烧至入味，用水淀粉勾芡，淋入香油，盛入盘内即可。

蘑菇豌豆

蘑菇烧芋丸

菠萝腰果炒草菇

原料 速冻芋头500克，蘑菇200克，红椒50克，鸡蛋2个

调料 葱花、水淀粉、香油、胡椒粉、鲜汤、色拉油、盐各适量

做法

1. 速冻芋头去皮洗净，蒸熟，碾成泥。把芋泥和鸡蛋搅匀，制成芋丸。蘑菇、红椒分别洗净，切块。

2. 锅置火上，加入色拉油烧至五成热，把芋丸放入油锅中炸一下，捞出沥油。

3. 锅留底油烧热，先放入蘑菇块略煸，再加入鲜汤和芋丸烧煮几分钟。放入红椒块，加入盐、胡椒粉烧透，用水淀粉勾芡，淋入香油炒匀，出锅装盘，撒上葱花即可。

原料 芦笋、菠萝各200克，腰果10克，虾仁、草菇各80克，干笋5克，青椒25克，番茄2个

调料 植物油、咖喱粉、淀粉、茄汁、白糖、盐各适量

做法

1. 草菇、番茄分别洗净，切块。干笋泡发洗净，切粒，沸水煲10分钟，取出沥干。芦笋洗净，切段，煮1分钟，捞出冷水浸一下，取出沥干。青椒洗净，切丁。将菠萝肉挖出切成粒。虾仁洗净。

2. 锅入油，爆透草菇、番茄，放咖喱粉、茄汁爆炒一下，加虾仁、干笋、青椒、鲜芦笋炒香，加菠萝粒、腰果、盐、白糖炒匀，勾芡，炒熟后盛在挖空的菠萝内。

草菇毛豆炒冬瓜

原料 冬瓜300克，草菇50克，毛豆粒30克，胡萝卜丁30克

调料 水淀粉、香油、植物油、盐各适量

做法

1. 冬瓜洗净去皮，切丁。草菇洗净，切两半。毛豆粒洗净。

2. 将冬瓜丁、草菇、毛豆粒、胡萝卜丁入沸水锅，烫熟捞出，控水。

3. 油锅烧热，放入冬瓜、草菇、毛豆、胡萝卜煸炒，用盐调味，炒至入味，用水淀粉勾芡，淋香油翻匀出锅即可。

草菇菜心煲

原料 草菇200克，油菜心200克，炸松子仁30克

调料 葱末、姜末、蒜末、水淀粉、植物油、香油、蚝油、料酒、白糖各适量

做法

1. 草菇洗净，一切两半。油菜心洗净，放沸水锅中烫一下捞出控水。

2. 油锅烧热，放入葱末、姜末、蒜末、料酒炝锅，放入草菇煸炒，用蚝油、白糖调味，倒入油菜心、松子仁，旺火烧制入味，水淀粉勾芡，淋香油翻匀，出锅即可。

草菇烧丝瓜

原料 草菇100克，丝瓜300克

调料 葱花、姜末、水淀粉、鸡汤、香油、食用油、料酒、盐各适量

做法

1. 草菇洗净，切片。丝瓜洗净，去皮、切块。

2. 炒锅放油烧至六成热，放入丝瓜炸至断生，捞出控油。

3. 锅留底油烧热，放入葱花、姜末爆香，加入料酒、鸡汤、草菇、丝瓜，旺火烧沸，加入盐调味，用水淀粉勾芡，翻炒均匀，淋入香油，出锅即可。

原料 鲜茶树菇300克，香芹50克，青、红椒各50克

调料 干辣椒末、花椒油、花椒粒、豆瓣酱、蘑菇精、食用油、生抽、盐各适量

做法

1. 鲜茶树菇洗净，入油锅炸熟，捞出控油。青椒、红椒洗净，切丝。香芹洗净，切段备用。

2. 锅入油烧热，加入适量豆瓣酱、干辣椒末、花椒粒炒香，加茶树菇、青椒丝、红椒丝、香芹段一起翻炒。

3. 用蘑菇精、生抽、盐、花椒油调味，翻匀出锅，装盘即可。

干香茶树菇

云南小瓜炒茶树菇

原料 云南小瓜250克，茶树菇50克

调料 红辣椒条、香油、酱油、植物油、盐各适量

做法

1. 云南小瓜洗净，切条。茶树菇洗净，切段。

2. 锅置火上，放植物油烧至六成热，放红辣椒条炒香，下入云南小瓜条、茶树菇段煸炒。

3. 放盐、香油、酱油调味，翻匀出锅，装盘即可。

茶树菇烧豆笋

原料 干茶树菇20克，水发豆笋（腐竹）150克，青椒、红椒各50克

调料 姜丝、蒜末、永丰辣酱、辣妹子辣酱、水淀粉、鲜汤、猪油、香油、红油、蚝油、盐各适量

做法

1. 干茶树菇去蒂，泡发，洗净，沥干，切段。豆笋泡发，切段。青、红椒去蒂、去籽，洗净切丝。

2. 锅入猪油烧热，放入姜丝、茶树菇翻炒，下入豆笋，放盐、永丰辣酱、辣妹子辣酱、蚝油，翻炒入味后放入鲜汤煨焖一下，待汤汁稍收干时撒下蒜末、青椒丝、红椒丝炒匀，水淀粉勾芡，淋红油、香油，出锅装入盘中。

油炸茶树菇

原料 鲜茶树菇400克

调料 胡椒粉、食用油、脆炸粉、盐各适量

做法

1. 鲜茶树菇择洗干净，切成长段。将脆炸粉加水调成脆炸糊。

2. 锅入食用油烧至七成热，将茶树菇裹蘸脆炸糊，放入锅中炸至金黄色，浮起后，捞出控干油，撒上胡椒粉、盐，装盘即可。

蚝汁扒群菇

原料 青椒50克，平菇、口蘑、滑子菇、金针菇各100克

调料 植物油、生抽、料酒、盐、蚝油各适量

做法

1. 金针菇洗净去根。口蘑洗净切片。平菇、滑子菇分别洗净。将以上所有原料入沸水锅焯烫，捞起晾干备用。青椒洗净，切片。

2. 锅入植物油烧热，下料酒，将平菇、口蘑片、滑子菇、金针菇炒至快熟时，加入盐、生抽、蚝油翻炒入味。

3. 汤汁快干时，加入青椒片稍炒，翻匀出锅即可。

吉祥猴菇

原料 干猴头菇20克，青红尖椒片、芹菜各100克

调料 胡椒粉、蘑菇精、干辣椒段、油、酱油、盐、生粉各适量

做法

1. 干猴头菇用凉水泡发，撕块，再入沸水锅焯去苦涩味，捞出过凉水，沥干。芹菜去根、去叶洗净，切段。

2. 将猴头菇用酱油、胡椒粉、蘑菇精腌至入味，放入生粉拌匀后，倒入热油锅中炸至金黄色。

3. 另起油锅烧热，放入干辣椒段、青红尖椒片、芹菜段炒出香味，倒入猴头菇翻炒后，加入盐、蘑菇精翻匀即可。

原料 水发猴头菇200克，豆腐100克，火腿丁40克，油菜50克，枸杞10克，虾仁20克

调料 葱末、姜末、胡椒粉、清汤、熟猪油、料酒、盐各适量

做法

1. 水发猴头菇洗净，切块，放沸水锅中，烫一下捞出。豆腐洗净，压成豆腐泥。油菜洗净，切末。枸杞用温水泡洗。

2. 锅入熟猪油烧热，放葱末、姜末炝锅，放入豆腐泥翻炒，倒入清汤、料酒烧开，再放入猴头菇块、火腿丁、油菜末、枸杞、虾仁，用盐、胡椒粉调味，烧至熟透入味，出锅即可。

五彩猴头菇

酱爆花菇

原料 干花菇20克，黄瓜150克

调料 蒜末、生抽、酱油、鸡油、色拉油、白糖、盐各适量

做法

1. 干花菇用温水浸泡2~3个小时，泡至酥软，切片。黄瓜切片围盘边。

2. 锅入油烧热，下入蒜末炒香，加入花菇片炒匀，加盐、酱油、白糖、生抽调味，淋鸡油，待花菇烧熟装盘即可。

黄焖花菇

原料 干花菇20克

调料 姜片、胡椒粉、水淀粉、香油、植物油、酱油、蚝油、料酒、白糖各适量

做法

1. 干花菇放在大些的容器中，洗净，泡发，取出花菇去蒂，切成长条段，留浸菇水。

2. 锅中加植物油烧热，爆香姜片，放入香菇条略炒，加料酒、酱油、浸香菇的水，开锅后转中火，盖上锅盖，焖至汤汁快干时，加入蚝油、白糖、胡椒粉烧入味，用水淀粉勾芡收汁，淋香油，翻匀出锅即可。

口蘑炒面筋

原料 熟面筋300克，鲜口蘑150克

调料 葱花、水淀粉、胡椒粉、鲜汤、香油、色拉油、酱油、盐各适量

做法

1. 鲜口蘑洗净，切片。熟面筋切成厚片。

2. 炒锅上旺火，放入色拉油烧至油面起烟，放入口蘑片略炒至出香味。

3. 再放入面筋同炒，烹入酱油，加盐、胡椒粉、鲜汤烧沸，放入葱花，淋水淀粉，见汤汁稠时盛入盘中，淋上香油、撒葱花即可。

口蘑烧冬瓜

原料 冬瓜300克，口蘑200克

调料 葱末、姜末、蒜末、水淀粉、清汤、食用油、香油、料酒、盐各适量

做法

1. 冬瓜洗净去皮，切成菱形块。口蘑洗净，切块。

2. 冬瓜块、口蘑块放沸水锅中烫熟，捞出控干水分。

3. 锅入油烧热，放入葱末、姜末、蒜末爆香，倒入冬瓜块、口蘑块翻炒，倒入清汤烧开，用盐、料酒调味，烧至入味，用水淀粉勾芡，淋香油翻匀出锅即可。

木耳炒豆皮

原料 豆腐皮100克，木耳5克，青椒、芥蓝各50克

调料 姜丝、食用油、盐各适量

做法

1. 豆腐皮洗净，切成细丝，并用沸水焯一下捞出，不要时间过长，再过凉水备用。青椒洗净，切丝。

2. 将木耳用凉水浸泡，择净根部，洗净后撕成小朵。芥蓝叶洗净切小段。

3. 锅入油烧热，放入姜丝爆香，放入青椒丝、木耳翻炒，放入芥蓝叶炒匀，最后放入豆腐皮丝，加入盐调味，出锅装盘即可。

原料 木耳10克，黄瓜150克

调料 葱末、姜末、蒜末、红尖椒圈、水淀粉、植物油、香油、白糖、盐各适量

做法

1. 黄瓜洗净去皮、去籽，切成小段。木耳水发后，洗净，用手撕成块。木耳块入沸水焯一下，捞出沥干。

2. 锅入油烧热，放入葱末、姜末、蒜末，炒出香味，把焯好的木耳、黄瓜、红尖椒圈放入油锅中，加入盐、白糖，翻炒几下，加入少许水淀粉，出锅前放入少许香油即可。

木耳炒黄瓜

酱烧腐竹木耳

木耳红枣枸杞蒸豆腐

原料 腐竹200克，木耳10克，金针菇100克

调料 葱末、蒜末、泡椒酱、清汤、食用油、料酒、盐各适量

做法

1. 腐竹、木耳温水泡发后，洗净。腐竹切段，木耳撕小朵，金针菇去根部洗净。

2. 将腐竹、木耳、金针菇入沸水锅中，烫煮一下，捞出控水备用。

3. 锅入油烧热，放入葱蒜末、泡椒酱、料酒爆锅炒香，倒入清汤烧开，放入腐竹、木耳、金针菇。烧开后，用盐调味，文火烧至入味，出锅装盘即可。

原料 木耳10克，豆腐200克，红枣、枸杞各50克

调料 水淀粉、清汤、干贝汁各适量

做法

1. 红枣用清水浸软后切片。枸杞用清水浸软。木耳用清水浸软，择洗干净，撕成小朵。豆腐洗净切成丁。

2. 将豆腐放在碟上，将红枣片、枸杞、木耳铺在上面，隔水蒸10分钟，取出。

3. 锅中加干贝汁、清汤调味烧开，用水淀粉勾薄芡，出锅淋在碗中原料上，即可食用。

甜辣木耳

原料 水发木耳100克

调料 葱段、姜末、辣椒油、香油、酱油、料酒、白糖各适量

做法

1. 木耳洗净，放入蒸锅旺火蒸3分钟，取出放凉，切丁。

2. 取一大盘，放入木耳、酱油、料酒、辣椒油、白糖、香油、姜末拌匀，再蒸4分钟。

3. 取出加入葱段拌匀，再用旺火蒸1分钟即可。

双耳蒸蛋皮

原料 鸡蛋4个，银耳3克，木耳5克

调料 胡椒粉、水淀粉、色拉油、绍酒、盐各适量

做法

1. 把鸡蛋打入碗中，加水淀粉搅匀。银耳、木耳用水泡发，洗净切块，分别加入胡椒粉、绍酒、盐拌匀。

2. 热锅加1大匙色拉油，将蛋液倒入锅中，煎成蛋皮备用。

3. 蛋皮铺在盘子上，先铺银耳馅，再铺木耳馅，分别卷起，做成两种颜色的蛋卷。

4. 上蒸锅蒸5分钟取出，改成小段，摆在盘中即可。

素炒杂菌

原料 鸡枞菌、老人头菌、牛肝菌、小白菇、茶树菇各150克，菜心50克，枸杞10克

调料 葱段、蒜片、水淀粉、鸡油、香油、盐各适量

做法

1. 老人头菌、牛肝菌、鸡枞菌、小白菇、茶树菇分别洗净，切段，焯水，捞出控水。菜心洗净。

2. 锅上火，放入鸡油，下入蒜片、葱段、老人头菌、牛肝菌、鸡枞菌、小白菇、茶树菇煸香，倒入菜心、枸杞翻炒片刻调入盐，用水淀粉勾芡，淋上香油，翻匀出锅即可。

原料 五花肉500克，罐装杉松菌1听，青、红椒各100克

调料 姜片、蒜片、郫县豆瓣酱、干辣椒段、甜面酱、植物油、料酒、酱油、白糖、盐各适量

做法

1. 五花肉刮洗干净，入清水锅中煮至七八成熟捞出，晾凉后切成薄片。杉松菌切成薄片，入沸水锅内汆一下捞出。郫县豆瓣酱剁细。青、红椒洗净，切片。

2. 锅入油烧热，下肉片、干辣椒段煸香，烹入料酒，下入盐、郫县豆瓣酱、甜面酱、酱油、白糖等炒匀，接着下杉松菌片、青椒片、红椒片和姜、蒜片炒出香味即可。

回锅野山菌

小炒珍珠菇

辣味鸡腿菇

原料 珍珠菇400克，方火腿50克，红尖椒40克

调料 葱花、姜片、蒜片、胡椒粉、食用油、花椒油、料酒、白糖、盐各适量

做法

1. 珍珠菇洗净，放沸水锅中汆煮一下捞出，控干水分。方火腿切菱形片。红尖椒洗净，切菱形块。

2. 锅入油烧热，放入葱花、姜片、蒜片、料酒爆锅，放入珍珠菇、火腿片、红椒块翻炒，用盐、白糖、胡椒粉调味，炒匀后淋花椒油，翻匀出锅即可。

原料 鸡腿菇300克，青尖椒块50克，腊肠片20克

调料 葱花、干辣椒段、豆油、生抽、十三香、盐各适量

做法

1. 鸡腿菇洗净，切片。将鸡腿菇放入沸水锅中，焯一下，捞出控干水分。

2. 锅内放适量油，烧开，放干辣椒段、葱花爆香，倒入鸡腿菇、腊肠片、青椒块煸炒。

3. 放入适量盐、十三香、生抽调味，继续翻炒出锅装盘即可。

腊味松茸

原料 松茸300克，腊肠50克，甜豆50克

调料 葱花、姜末、朝天椒片、蘑菇精、胡椒粉、水淀粉、高汤、花雕酒、红油、色拉油、盐各适量

做法

1. 松茸洗净，切片，放沸水锅焯水，捞出备用。腊肠切片。甜豆去筋，切块，洗净放沸水锅焯水，捞出备用。

2. 锅入油烧热，放入朝天椒片、葱花、姜末炒香，烹入花雕酒，倒入松茸、腊肠、甜豆、盐、胡椒粉颠炒片刻，加入蘑菇精、高汤烧至入味，用水淀粉勾芡，淋红油翻匀，出锅即可。

香辣滑子菇

原料 滑子菇500克，鲜猪肉150克

调料 葱段、姜末、蒜末、干辣椒段、豆瓣酱、辣妹子辣酱、胡椒粉、鲜汤、红油、植物油、蚝油、料酒、盐各适量

做法

1. 滑子菇择洗干净。鲜猪肉洗净，切片。

2. 锅入清水烧开，下入滑子菇焯水，捞出沥干水分。

3. 锅入油烧热，下入姜末、蒜末煸香，下入肉片炒散，放豆瓣酱、辣妹子辣酱翻炒，再下入滑子菇、干辣椒段，放盐、蚝油，烹入料酒翻炒，倒入鲜汤，改用文火烧至汤汁稠浓，撒入胡椒粉、葱段，淋入红油，装盘即可。

泰式焖杂菌

原料 珊瑚菇、白肉菇、秀珍菇、香菇、草菇各100克

调料 姜片、鱼露、盐、冰糖、花生油各适量

做法

1. 珊瑚菇、白肉菇、秀珍菇、香菇、草菇去根洗净，焯水，捞起沥干水分。

2. 锅入油烧热，下入姜片爆香，加入珊瑚菇、白肉菇、秀珍菇、香菇、草菇翻炒均匀。

3. 加入适量清水、鱼露、冰糖、盐调味，盖上锅盖焖至汁收，出锅装盘即可。

原料 寒菌500克，小米椒75克

调料 姜末、蒜末、葱花、植物油、蒸鱼豉油、鲜汤、香油、白糖、盐各适量

做法

1. 寒菌去蒂，泡入清水中10分钟后，用手在水中顺同一方向搅动，用水的旋力将寒菌的泥沙洗净，捞出沥干水。将小米椒洗净后剁碎，挤干水。

2. 净锅置灶上，放植物油，烧热后下入姜末、蒜末、小米椒翻炒，随即下入寒菌一起煸炒，放盐、白糖、蒸鱼豉油调味，炒入味后倒入鲜汤略焖一下，淋香油后出锅盛入盘中，撒上葱花即可。

开胃寒菌

干锅牛肝菌

原料 干牛肝菌20克，猪五花肉150克

调料 葱段、姜片、蒜片、干辣椒段、八角、草果、花椒、水淀粉、胡椒粉、鲜汤、香油、猪油、红油、豆瓣酱、永丰辣酱、料酒、盐、香菜段各适量

做法

1. 干牛肝菌用温水泡发洗净。猪五花肉洗净切片。

2. 锅入猪油烧热，下入姜片、蒜片、干辣椒段、八角、草果、花椒、豆瓣酱、永丰辣酱炒香，下入五花肉片煸炒，放盐，烹料酒，煸炒至五花肉吐油，放入牛肝菌、胡椒粉、鲜汤微焖，待汤汁浓郁，水淀粉勾芡，撒葱段，淋香油、红油，出锅盛入干锅内，撒入香菜段即可。

蜜汁杏鲍菇

原料 杏鲍菇300克，蜂蜜30克

调料 胡椒粉、香油、酱油、料酒、盐各适量

做法

1. 杏鲍菇洗净，切成厚片，用刀尖划十字花刀，备用。

2. 将蜂蜜、料酒、香油、酱油、盐、胡椒粉混合，拌匀成味汁。

3. 将杏鲍菇码放在平底锅中，均匀浇上酱汁，腌渍15分钟左右，用文火将杏鲍菇煎熟，酱汁收干，出锅装盘即可。

炒麻豆腐

原料 麻豆腐200克，白菜心、水发青豆各50克

调料 葱末、姜末、水淀粉、鲜汤、植物油、料酒、盐各适量

做法

1. 水发青豆洗净，放沸水锅中煮熟，捞出过凉，去皮剁成碎粒。

2. 白菜心洗净，切小丁。麻豆腐洗净，改刀切丁。

3. 锅入油烧至六成热，用葱末、姜末爆锅，放入麻豆腐、青豆、白菜煸炒，倒入料酒、盐、添入鲜汤烧开，加水淀粉勾芡出锅即可。

翡翠豆腐

原料 豆腐100克，莴笋150克

调料 姜末、辣椒酱、蘑菇精、植物油、盐各适量

做法

1. 豆腐洗净切方块，放入热油锅中，煎成金黄色，倒出备用。

2. 莴笋洗净，去皮切成滚刀块，叶子切段。

3. 锅入油烧热，放入辣椒酱、姜末爆香，加入莴笋块翻炒后，加入豆腐，用盐、蘑菇精调味，最后加入莴笋叶翻炒几下后即可。

什锦豆腐丁

原料 豆腐200克，鸡蛋2个，黄瓜丁50克，虾皮20克

调料 葱末、胡椒粉、食用油、盐各适量

做法

1. 豆腐洗净切小丁，放热油锅中炸金黄色捞出，控干油备用。虾皮用温水泡洗一下，捞出控干水。鸡蛋打入碗中，搅匀。

2. 锅入油烧热，将鸡蛋液入锅，煎熟，倒出。

3. 锅中留油烧热，葱末炝锅，放入黄瓜丁、虾皮煸炒，再放入豆腐丁和炒好的鸡蛋，用盐、胡椒粉调味，翻炒均匀，出锅即可。

原料 豆腐200克，咸蛋2个

调料 葱花、蒜末、胡椒粉、植物油、盐各适量

做法

1. 咸蛋洗净，蒸熟，用清水浸冷，去壳，将蛋白切小粒，蛋黄切末。

2. 豆腐洗净放入滚水中煮2分钟，捞起沥干水，待冷，压泥。

3. 锅入油烧热，放入蒜末爆香，下豆腐泥炒透，加胡椒粉、盐再炒片刻，加入咸蛋黄末、咸蛋白粒、葱花炒匀，出锅装盘即可。

珊瑚豆腐

桂花豆腐

菠萝豆腐

原料 豆腐200克，鸡蛋2个

调料 葱花、植物油、酱油、盐各适量

做法

1. 在沸水锅中放少许盐和酱油，将洗净的豆腐切成方丁，放入沸水锅中焯水入味后，捞出，沥干水。

2. 将鸡蛋去蛋清，留蛋黄入碗中，放少许盐，搅散。

3. 净锅置旺火上，放植物油烧热后，倒入蛋黄，用手勺不停拌炒细碎，随即放入豆腐，放盐一起炒入味后，出锅装入盘中，撒葱花即可。

原料 豆腐400克，菠萝100克

调料 葱段、姜片、植物油、番茄酱、淀粉、香油、醋、白糖、盐各适量

做法

1. 豆腐洗净，焯水，切小块。菠萝去皮，洗净，切丁。

2. 豆腐块拍上淀粉，入热油锅中，炸成金黄色捞出。

3. 锅入油烧热，放入葱段、姜片炸香捞出，倒入番茄酱炒出红油。加入盐、白糖、清水烧沸后，淋香油、醋，放入菠萝丁、豆腐块，翻炒均匀，用水淀粉勾芡，装盘即可。

老干妈韭菜炒香干

原料 香干300克，韭菜150克，豆豉辣酱50克

调料 姜末、蒜末、水淀粉、鲜汤、猪油、酱油、辣椒酱、盐各适量

做法

1. 香干洗净，切片。韭菜择洗净，切成长的段。

2. 锅入猪油烧至八成热，放入姜末、蒜末、豆豉辣酱、辣椒酱煸香，下入香干片，放入酱油、盐调味，轻轻翻匀，倒入鲜汤，改用文火煨焖，待汤汁浓郁时，下入韭菜段，轻轻翻动，水淀粉勾芡，淋少许热猪油，出锅装盘即可。

辣子香干

原料 豆腐干200克，花生仁、青椒丁、红椒丁、青蒜丁各50克，鸡蛋清2个

调料 葱末、姜末、猪油、水淀粉、豆瓣辣酱、酱油、鲜汤、料酒、白糖各适量

做法

1. 豆腐干洗净，切块，用酱油、蛋清、水淀粉上浆。

2. 锅入油烧热，推入浆好的豆腐干块划开，倒入漏勺中，控净油。

3. 锅留油烧热，下青椒丁、红椒丁、葱末、姜末、豆瓣辣酱炒香，烹入料酒、酱油、白糖、鲜汤，用水淀粉勾芡，放青蒜丁、花生仁、豆腐干块炒匀，出锅即可。

韭菜辣炒五香干

原料 五香干300克，韭菜150克，红尖椒30克

调料 蒜片、豆豉、辣椒面、生抽、白糖、食用油各适量

做法

1. 五香干洗净，切条。红尖椒洗净去蒂，斜切片。韭菜洗净，切段。

2. 锅入油烧热，倒入五香干条，煎一下倒出，控油。

3. 锅中留油烧热，倒入豆豉、辣椒面、蒜片和红尖椒片炒香，倒入五香干，加生抽、白糖旺火翻炒，最后放韭菜段炒匀，出锅装盘即可。

原料 豆腐干500克，青豆、红辣椒各20克

调料 葱末、姜片、蒜片、水淀粉、鲜汤、植物油、酱油、醋、白糖、盐各适量

做法

1. 豆腐干洗净切丁。红辣椒去蒂、去籽洗净，切菱形片。

2. 锅入油烧至七成热，分别倒入豆腐干丁、青豆炸酥捞出，沥油。

3. 将红辣椒片、姜片、蒜片、酱油、盐、白糖、醋、鲜汤、水淀粉放入碗中，调成芡汁。

4. 原锅放火上，入油烧热，放入豆腐干丁、青豆、葱末炒匀，烹入芡汁搅匀，待汁浓时，出锅装盘即可。

糖醋豆腐干

番茄豆腐干

原料 白豆腐干300克，番茄、青菜椒50克

调料 姜丝、食用油、盐各适量

做法

1. 白豆腐干洗净，切片。番茄、青菜椒洗净去蒂，切块。

2. 锅入油烧热，放入姜丝爆香，放入白豆腐干煎至两面呈金黄色，再放入青菜椒翻炒，最后放入番茄，加盐调味，烧至入味，出锅装盘即可。

红油香干煲

原料 香干300克，五花肉200克，水发香菇20克

调料 葱花、姜片、蒜末、干辣椒段、八角、桂皮、花椒、豆瓣酱、植物油、酱油、蚝油、料酒、盐、白糖各适量

做法

1. 香干洗净，切成片。香菇洗净，切块。将五花肉洗净，加入姜片、料酒煮八成熟捞出，切片。

2. 锅入油烧热，放入香干炸呈金黄色，捞出控油。

3. 油锅中放入姜片、蒜末、豆瓣酱煸香，下五花肉煸出油，捞出，倒入五花肉汤，放入八角、桂皮、花椒、盐、酱油、白糖、蚝油、干辣椒段烧开，下入炸好的香干、五花肉、香菇块，改用文火焖，出锅撒上葱花即可。

秘制豆干

原料 豆腐干500克，红尖椒块50克

调料 香菜段、蜂蜜、五香粉、泡椒汁、葱汁、姜汁、色拉油、酱油、料酒、冰糖、盐各适量

做法

1. 豆腐干洗净，切块，用沸水浸烫数分钟，备用。

2. 锅入油烧热，放入豆腐干块炸至呈金黄色、内部起孔，捞出备用。

3. 锅留油烧热，放入泡椒汁、葱汁、姜汁、料酒、冰糖、蜂蜜、酱油、五香粉、盐、豆腐干、红尖椒块、香菜段，加适量水，用中火烧至汤汁收干，出锅装盘即可。

西红柿烧豆腐

原料 嫩豆腐100克，西红柿150克

调料 葱段10克，盐4克，胡椒粉、味精各1克，淀粉15克，熟菜油150克，白糖3克，鲜汤适量

做法

1. 豆腐洗净，切块，过水后备用；西红柿洗净，去籽，切块备用。

2. 炒锅置于火上加热，入油烧至七成热，放入西红柿块翻炒，再加入适量的盐、白糖翻炒后起锅。

3. 原锅内倒入鲜汤、白糖、盐和胡椒粉一起拌匀，然后将豆腐块倒入锅中烧沸，用淀粉勾芡，加入西红柿和菜油，用大火略收汤汁，最后撒上味精、葱段即可。

剁椒蒸香干

原料 香干400克

调料 葱花、剁椒粒、食用油、生抽、白糖各适量

做法

1. 香干洗净，切成薄片，加生抽、白糖腌一下。

2. 将腌好的香干加入剁椒粒，拌匀，加入食用油，直接上蒸锅，隔水蒸20分钟关火。

3. 出锅装盘，撒上葱花即可。

原料 香干、红尖椒、毛豆各150克

调料 花生油、生抽、盐各适量

做法

1. 香干洗净，切成方丁。毛豆洗净，沥干水分。红尖椒洗净，切成圈。

2. 锅入油烧至六成热，下入香干、毛豆略炸捞出，沥油。

3. 倒入碗中，加盐、生抽、花生油拌匀，上面放上红尖椒圈，入笼蒸8分钟，出锅装盘即可。

毛豆蒸香干

火腿千张丝

小炒豆腐皮

原料 豆腐皮300克，火腿50克，青尖椒150克

调料 葱丝、酱油、花椒油、花生油、盐各适量

做法

1. 豆腐皮洗净，切丝，入沸水锅中煮5分钟，浸泡备用。

2. 火腿切丝。青尖椒洗净去籽，切丝。

3. 将锅中豆腐皮捞出，沥干水分。

4. 锅内加花生油烧热，放入葱丝、青尖椒丝、豆腐皮丝、火腿丝，加酱油、盐调味炒匀，淋花椒油，翻匀出锅即可。

原料 豆腐皮400克，青椒、红椒各100克

调料 盐、植物油、酱油、醋、葱各适量

做法

1. 豆腐皮洗净，切片。青椒、红椒分别洗净，切成圈。葱洗净，切成葱花。

2. 锅入油烧热，放入豆腐皮翻炒，再放入青、红椒炒匀，倒入酱油、醋炒匀，加少许水焖煮至汤汁收干，加入盐调味，起锅装盘，撒上葱花即可。

井冈山油豆皮

原料 油豆皮、山芹各200克，红尖椒100克

调料 酱油、香油、植物油、白糖、盐各适量

做法

1. 油豆皮洗净，切成长条。将盐、白糖加热水调成汤汁，浇在油豆皮上拌匀。

2. 将山芹择叶洗净，切段状。红尖椒洗净，切圈。

3. 锅入油烧至五成热，放入红尖椒圈爆炒均匀，下入泡好的油豆皮，滴入香油，放入山芹段，加盐、酱油炒匀，装入干锅中即可。

香焖腐竹

原料 水发腐竹200克，水发木耳、水发香菇各100克，胡萝卜50克

调料 葱花、泡香菇水、猪油、酱油、白糖、盐、香油各适量

做法

1. 水发腐竹洗净，切段，放入沸水锅中，焯两分钟后捞出。水发香菇洗净，切块。水发木耳撕小朵。胡萝卜洗净去皮，切片。

2. 锅入油烧热，下葱花、香菇块、腐竹段翻炒，倒入泡香菇水、酱油、白糖，盖上锅盖，焖至腐竹、香菇均变软，倒入胡萝卜片、木耳，继续焖两分钟，调入香油、盐炒匀，出锅装盘即可。

腰果玉米

原料 鲜玉米粒300克，腰果、黄瓜、胡萝卜各50克

调料 食用油、白糖、姜末、盐各适量

做法

1. 玉米粒煮熟。黄瓜、胡萝卜洗净，切丁。

2. 锅入油烧热，放入腰果炸一下，捞出，控油。

3. 另起锅入油烧热，放入姜末爆香，先放入胡萝卜丁炒至八成熟，再放入玉米粒、腰果、黄瓜丁翻炒，最后用盐、白糖调味，翻匀出锅，装盘即可。

Part **3**

鲜香水产，
再来一碗

　　水产品是世界公认的优质健康食品，包括海鱼、河鱼、虾、蟹、贝等水产品，是蛋白质、无机盐和维生素的良好来源，味道也非常鲜美，是深受人们欢迎的饮食佳品。此外，水产品含丰富无机盐，特别是碘、钙和脂溶性维生素的含量特别高。其中，某些水产品，如鳝鱼、河蟹、海蟹中，还含有丰富的核黄素。这些成分，均是人体所需的重要营养物质。因此，现代营养学家提倡多吃水产品。

家常烧鲤鱼

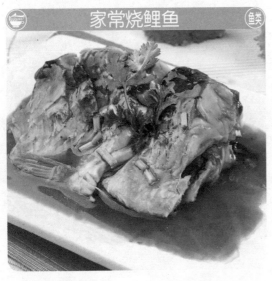

原料 鲤鱼1条（重约600克）

调料 葱末、姜末、蒜末、香菜末、水淀粉、植物油、酱油、料酒、白糖、盐、醋各适量

做法

1. 鲤鱼去鳞、内脏、两鳃，洗净，在鱼身两侧剞花刀，提起鱼尾使刀口张开，将料酒、盐撒入刀口稍腌。酱油、料酒、醋、白糖、盐、水淀粉调成芡汁。

2. 在鲤鱼刀口处淋上水淀粉，放入七成熟的油中炸至外皮变硬，文火浸炸3分钟，再上旺火炸至金黄色，捞出摆盘。

3. 锅入油烧热，放入葱末、姜末、蒜末炒香，倒入芡汁烧至起泡浇到鱼上，撒上香菜末即可。

蒜瓣豆腐鱼

原料 鲤鱼 650克，豆腐 250克

调料 葱末、姜片、蒜瓣、郫县豆瓣酱、高汤、猪油、盐、淀粉各适量

做法

1. 鲤鱼处理干净，用刀在鱼身两侧剞十字花刀。豆腐洗净切成条。豆瓣酱剁细。

2. 锅中放油烧热，放入鲤鱼炸至呈金黄色，捞出。

3. 锅中留油烧热，下入郫县豆瓣酱、蒜瓣炒出香味，倒入葱末、姜片、盐、豆腐、鲤鱼，加入高汤烧开，文火慢烧。

4. 待鱼烧透，将鱼捞在盘中，锅中汤用淀粉勾芡，烧熟，浇在鱼上即可。

白炒鱼片

原料 草鱼600克，黄瓜片、胡萝卜片、水发木耳片各50克

调料 葱末、姜末、蒜末、水淀粉、色拉油、料酒、酱油、醋、白糖、盐各适量

做法

1. 草鱼洗净，取下净鱼肉，斜刀片成片，放入碗中，加盐、料酒、水淀粉拌匀上浆。

2. 锅入色拉油烧热，投入鱼片滑油至熟，倒入漏勺沥去油。

3. 锅内留底油烧热，炒香葱末、姜末、蒜末，放入黄瓜片、胡萝卜片、水发木耳片、草鱼片，调入盐、醋、白糖、料酒、酱油炒匀，用水淀粉勾芡，淋明油即可。

原料 草鱼1条(重约1500克)

调料 葱段、葱花、姜末、水淀粉、熟猪油、料酒、酱油、醋、白糖、盐、高汤各适量

做法

1. 草鱼处理干净，取草鱼腹部肉，切成长方块。

2. 锅置火上，入猪油烧热，下入葱段爆香，放入处理好的草鱼块稍煎，烹入料酒，下入姜末、酱油、白糖、醋、盐、高汤烧沸后，改用文火炖10分钟，收汁，用水淀粉勾芡，淋猪油装盘，撒上葱花即可。

红烧肚档 鱼类

腐竹焖草鱼 鱼类

原料 草鱼半条500克，腐竹10克

调料 葱花、姜末、植物油、生抽、料酒、白糖、盐各适量

做法

1. 草鱼去内脏，处理干净，切块。腐竹泡发，洗净，切段。

2. 起油锅烧热，放入处理好的草鱼，煎至两面呈金黄色，下入腐竹，倒入水、料酒、盐、生抽、姜末，焖至鱼肉熟透。

3. 起锅前用白糖调味，焖至汤汁收浓，撒上葱花即可。

炸鱼棒 鱼类

原料 草鱼肉400克

调料 胡椒粉、脆炸粉、色拉油、料酒、盐各适量

做法

1. 草鱼肉洗净，切成粗条，加盐、料酒、胡椒粉拌匀，腌渍入味。

2. 脆炸粉加水调成脆炸糊。

3. 锅入油烧至七成热，将草鱼条均匀裹蘸脆炸糊，入油锅中炸至熟透、色泽金黄，捞出沥油，装盘即可。

鱼片蒸豆腐

原料 鲜草鱼片200克，嫩豆腐100克，鸡蛋2个

调料 葱花、姜丝、红椒粒、胡椒粉、生粉、植物油、料酒、盐各适量

做法

1. 草鱼片洗净，用盐、料酒、姜丝、蛋清、生粉上浆，腌渍半个小时。嫩豆腐用沸水焯水。

2. 嫩豆腐压碎，加入鸡蛋、盐、胡椒粉搅拌均匀。

3. 拿一个浅口的盘子，倒入调好的豆腐碎铺平，腌渍好的鱼片摆在上面，入沸水锅中蒸8~10分钟左右，取出，撒上葱花、红椒粒，淋热油即可。

山椒鲫鱼

原料 鲫鱼400克，野山椒50克

调料 葱末、姜末、香菜段、色拉油、酱油、白酒、香油、白糖、盐各适量

做法

1. 鲫鱼处理干净，斜刀切片。野山椒洗干净，切段。

2. 炒锅上火，倒入色拉油烧至三成热，下入鲫鱼炸熟，捞出，沥油。

3. 净锅上火，倒入色拉油烧热，下葱末、姜末爆香，烹入白酒、酱油，下野山椒炒香，倒入水，调入盐、白糖烧沸，下鲫鱼，文火收汁入味，撒香菜段，淋香油，起锅码盘即可。

泡椒烧鲫鱼

原料 鲜鲫鱼400克

调料 葱末、姜末、蒜末、泡椒辣酱、水淀粉、高汤、植物油、生抽、料酒、盐各适量

做法

1. 鲫鱼刮鳞去鳃，剖腹去内脏，洗净，鱼身两面斜划2~3刀，抹上料酒、盐腌渍入味。

2. 锅入油烧热，放入腌好的鲫鱼煎至两面呈微黄色，盛出沥油。

3. 锅中留油烧热，下泡椒辣酱、葱末、姜末、蒜末爆香，烹入料酒、生抽，加高汤，放入鲫鱼烧开，用盐调味，转文火烧至入味，用水淀粉勾薄芡，出锅即可。

原料 鲜鲢鱼头1个

调料 葱末、姜片、剁椒酱、淀粉、蚝油、料酒、醋、白糖、盐各适量

做法

1. 鱼头清洗干净，用刀劈成两半，鱼头背部相连。

2. 取半盆清水，加入醋、盐，将鱼头浸泡入盆中去其腥味。

3. 将鱼头取出，切面涂上蚝油，均匀地撒上淀粉、盐、料酒、白糖。

4. 将鱼头反放于盘中，撒上相同的调料并撒上剁椒酱，在鱼头下垫葱末、姜片，上锅笼蒸20分钟。取出蒸盘，撒上葱末即可。

剁椒鱼头 鱼类

豆瓣酱烧鲇鱼 鱼类

蒜焖鲇鱼 鱼类

原料 鲇鱼500克，冬笋丝50克，香菇丝25克

调料 葱末、姜末、蒜末、辣豆瓣酱、水淀粉、熟猪油、香油、料酒、高汤、酱油、醋、白糖、盐各适量

做法

1. 鲇鱼洗净，剁段，将腹内脊骨剁开，用盐、料酒腌渍片刻，洗净，入热油锅炸至五成熟，捞出沥油。

2. 锅入油烧热，下入冬笋丝、香菇丝、姜末、蒜末、辣豆瓣酱，炒出香辣味，再放入鲇鱼、高汤、酱油、醋、白糖烧开，改文火焖熟，用水淀粉勾薄芡，撒葱末，淋香油即可。

原料 鲇鱼400克，干香菇5克

调料 葱段、蒜瓣、香菜末、干淀粉、花生油、高汤、蚝油、料酒、老抽、盐各适量

做法

1. 鲇鱼去内脏，洗净，切成块，拍匀干淀粉。

2. 香菇用温水泡发，洗净，切片。

3. 锅入油烧热，下入鲇鱼炸熟，再下入蒜瓣炸至呈金黄色，捞出备用。

4. 锅内留油烧热，加入葱段、香菇片、蒜瓣炒出香味，烹入料酒，加入高汤、蚝油、老抽、鲇鱼烧开，文火焖熟，加盐调味，撒上香菜末，出锅即可。

雨花干锅鱼 鱼类

原料 江东鲈鱼500克，红椒、青蒜各100克

调料 姜片、炸蒜片、猪油、色拉油、高汤、干锅酱、生粉、料酒、盐各适量

做法

1. 鲈鱼处理干净，取肉切块，入盐调味，拍生粉，入热油锅浸炸至色泽金黄，捞出备用。

2. 青蒜、红椒分别洗净，切段。雨花石用热油文火炸热到180℃，放入带酒精炉的铁锅中备用。

3. 净锅置火上，下猪油烧至七成热，放入姜片、青蒜段、红椒段、炸蒜片、干锅酱文火爆香，下高汤、炸酥的鱼块，烹入料酒，翻匀出锅，装入小铁锅中，即可点火上桌。

蛋松鲈鱼块 鱼类

原料 鲈鱼肉150克，蛋黄液50克

调料 葱花、姜丝、红椒丝、淀粉、色拉油、盐各适量

做法

1. 鲈鱼肉洗净，切块，剞花刀，加盐、淀粉抓匀上浆。

2. 锅中入油烧热，淋入蛋黄液，炸成蛋松。

3. 锅入油烧至四成热，投入鱼块滑熟。

4. 另起锅入油，放入鱼块，加盐调味，用水淀粉勾芡，盛出浇在蛋松上，撒上姜丝、红椒丝、葱花即可。

榨菜蒸鲈鱼 鱼类

原料 鲈鱼400克，榨菜100克

调料 胡椒粉、熟猪油、白糖、盐各适量

做法

1. 鲈鱼去内脏、鱼鳞，处理干净，切成大块，用盐腌渍片刻，放入盘中。

2. 榨菜洗净，切丝，用白糖拌匀，撒在鲈鱼面上，淋上熟猪油，放入笼内蒸熟，撒上胡椒粉即可。

原料 鳜鱼肉250克，油菜心200克，鸡蛋1个

调料 葱段、姜片、胡椒粉、香油、水淀粉、植物油、鸡汤、料酒、盐各适量

做法

1. 油菜心洗净，焯水，捞出，冲凉后泡上水。

2. 鳜鱼肉洗净，切丝，放料酒、盐、鸡蛋清、水淀粉上浆，入沸水滑熟，捞出，泡水。

3. 锅入油烧热，放葱段、姜片炒香，捞出，放油菜心、盐、鸡汤、料酒、胡椒粉、鱼丝烧开去浮沫，勾芡，淋香油出锅装盘。

4. 将油菜心码在盘四周，鱼丝放入盘中心即可。

鳜鱼丝油菜

鱼类

熘双色鱼丝

鱼类

青椒鱼丝

鱼类

原料 鳜鱼200克，胡萝卜丝、莴笋丝各50克，鸡蛋1个，黄豆粉8克

调料 葱末、姜末、蒜末、胡椒粉、高汤、淀粉、花生油、料酒、盐各适量

做法

1. 鳜鱼肉洗净，去骨、皮，切成丝，用盐、料酒、胡椒粉腌渍入味。

2. 将蛋清、黄豆粉调成糊，加入鱼丝拌匀。将盐、料酒、高汤、淀粉调成汁。

3. 锅入油烧至三成热，放入鱼丝、胡萝卜丝、莴笋丝，滑散滑熟，捞出，沥油。锅留油烧热，将姜末、蒜末、葱末炒出香味，倒入鳜鱼丝、胡萝卜丝、莴笋丝，烹入芡汁，炒匀即可。

原料 青鱼600克，柿子椒150克

调料 姜丝、胡椒粉、料酒、水淀粉、猪油、盐各适量

做法

1. 青鱼收拾干净，用刀沿脊背骨劈两片，剥净鱼皮，去净鱼刺，切丝，用少许盐、水淀粉浆过。

2. 柿子椒择洗干净，切成长细丝。将盐、胡椒粉、料酒、水淀粉调成汁。

3. 锅中放油烧温热，将鱼丝下锅，用筷子轻轻滑散，再将柿子椒丝放入锅中，随即倒在漏勺中，沥油。锅中放少许油烧热，把姜丝、鱼丝、柿子椒丝下锅稍炒，烹入调好的汁炒熟即可。

五柳开片青鱼 鱼类

原料 青鱼500克，胡萝卜、柿子椒各50克，红辣椒丝（干）10克

调料 葱丝、姜丝、水淀粉、花生油、料酒、醋、酱油、白糖、盐各适量

做法

1. 青鱼处理干净，剔下鱼肉，用刀在鱼身两侧剞一字形花刀，放入沸水锅中煮熟，捞出，沥干水分，剥皮，放入盘中。

2. 胡萝卜、柿子椒洗干净，切成细丝。将葱丝、姜丝、红辣椒丝，用白糖、醋、酱油、料酒、盐、水淀粉调成味汁待用。

3. 锅入油烧热，放入胡萝卜丝、柿子椒丝、红辣椒丝、葱丝、姜丝稍炒，烹入味汁，浇在鱼上。

鱼香瓦块鱼 鱼类

原料 青鱼700克

调料 葱末、姜末、蒜末、豆瓣酱、水淀粉、干淀粉、花生油、料酒、酱油、醋、白糖、盐各适量

做法

1. 青鱼收拾干净，改刀成块，用刀在每块中间横划一刀，再用少许盐腌匀。

2. 白糖、醋、豆瓣酱、料酒、酱油、水淀粉调成汁。干淀粉加适量清水，调成稠糊待用。

3. 锅中放油烧热，青鱼块均匀地裹上糊，入油锅中炸成表皮浅黄酥脆捞出放盘中。锅中留油烧热，把豆瓣酱、葱末、姜末、蒜末下锅煸出香味，烹入调好的汁炒熟，浇在鱼上即可。

熘炒鱼块 鱼类

原料 青鱼400克，冬笋片、水发香菇片各50克

调料 葱花、姜片、胡椒粉、花生油、料酒、酱油、白糖、盐、高汤各适量

做法

1. 青鱼洗净，切块，放入碗中，加入盐、料酒、葱花、姜片、酱油拌匀，腌渍5分钟。

2. 锅入油烧至八成热，放入鱼块炸5分钟，待鱼块呈深黄色，捞出沥油。

3. 炒锅内放底油烧热，放入姜片爆锅，放入冬笋片、水发香菇片、料酒、高汤、盐、白糖、胡椒粉，煮开后放入鱼块，加酱油，旺火收浓汁，撒上葱花即可。

原料 银鱼500克

调料 面包糠、鸡蛋、淀粉、白酒、植物油、盐各适量

做法

1. 用鸡蛋、淀粉调成薄糊。

2. 银鱼处理干净，放入碗内，加入盐、白酒腌渍入味。

3. 将银鱼挂上调好的薄糊、面包糠，下入五六成热的油锅炸至呈金黄色，捞出，沥油。

4. 待油温升高后，下入油锅复炸一遍，逐一捞出即可装盘。

香脆银鱼

蒜子烧甲鱼

青椒焖甲鱼

原料 香菇100克，活甲鱼1只，猪肉200克

调料 葱段、姜片、蒜瓣、八角、绍酒、花椒油、水淀粉、酱油、色拉油、盐各适量

做法

1. 甲鱼活杀放血，洗净，斩件。猪肉洗净，切片。香菇洗净，切片。

2. 锅入油烧至八成热，放入甲鱼块炸至呈红色，捞出沥油。

3. 油锅烧热，放入八角、猪肉片略炒片刻，加葱段、姜片、蒜瓣煸香，加入酱油、绍酒、清水、盐调味，放入甲鱼块，旺火烧沸，去浮沫和杂质，盖上锅盖，转文火加入香菇，烧至甲鱼熟烂，勾芡，淋入花椒油即可。

原料 甲鱼500克，朝天椒100克

调料 姜片、蒜瓣、泡椒、高汤、茶油、酱油、盐各适量

做法

1. 甲鱼活杀放血，去内脏冲去血水，洗净，切成小块。

2. 朝天椒洗净，切成小段。

3. 锅入油烧热，放入姜片、蒜瓣、泡椒、甲鱼煸香，加高汤、酱油、盐调味，烧开转文火焖至入味，待甲鱼熟透，放入朝天椒段炒匀，出锅即可。

火腿鳝段

原料 鳝鱼200克，火腿50克，青椒10克

调料 姜片、蒜瓣、胡椒粉、植物油、料酒、醋、白糖、盐各适量

做法

1. 鳝鱼宰杀，去头尾，切段。火腿切片。青椒洗净，切条。

2. 炒锅置火上，倒入植物油烧至五成热，放入蒜瓣炒香，下鳝鱼段，加姜片炒香，烹入料酒、醋，撒胡椒粉，下入火腿片、青椒条，加白糖、盐调味，淋入适量清水，文火焖5分钟即可。

爆炒鳝鱼丝

原料 鳝鱼肉300克，青柿椒150克，豆芽100克，鸡蛋清1个

调料 葱末、姜末、蒜末、料酒、酱油、醋、白糖、盐、淀粉、植物油各适量

做法

1. 鳝鱼肉洗净，斜刀切丝，用蛋清、淀粉、盐、料酒拌匀。豆芽洗净。

2. 青柿椒择洗干净，切细丝。

3. 醋、酱油、料酒、淀粉、白糖调成味汁。

4. 油锅烧至五成热，将鳝鱼丝滑散，捞出沥油。

5. 锅入油烧热，放入葱末、姜末、蒜末煸炒出味，加入青柿椒丝、豆芽煸炒，再倒入滑好的鳝鱼丝略炒，加入调好的味汁，翻炒均匀即可。

椿芽鳝鱼丝

原料 鳝鱼肉300克、椿芽100克

调料 姜丝、胡椒粉、小米辣丁、香油、料酒、盐、食用油各适量

做法

1. 鳝鱼肉洗净，切成粗丝，加料酒、盐、胡椒粉抓匀。

2. 椿芽洗净，切碎丁。

3. 起锅加油烧热，放入姜丝、小米辣丁、料酒、椿芽丁爆香，放入鳝鱼丝爆炒，加盐调味，旺火爆炒30秒，淋香油出锅即可。

原料 鳝鱼150克，青杭椒80克，红尖椒段、彩椒各15克

调料 料酒、生抽、盐、食用油各适量

做法

1. 鳝鱼洗净，切成片，入沸水中余一下。

2. 青杭椒洗净，切去头、尾。

3. 彩椒洗净，改刀成条。

4. 锅入油烧至六成热，下入鳝鱼炒至表皮微变色，加入青杭椒、红尖椒段、彩椒条炒匀，再放盐、生抽、料酒调味，盛入盘中即可。

杭椒鳝片

鱼类

素烧鳝鱼

鱼类

无锡脆鳝

鱼类

原料 黄鳝500克，青柿子椒、红柿子椒各50克

调料 蒜末、蚝油、胡椒粉、植物油、淀粉、料酒、白糖、盐各适量

做法

1. 黄鳝处理干净，去骨，切段，加料酒、淀粉拌匀，腌制入味。

2. 青柿子椒、红柿子椒分别洗净，去蒂、籽，切成菱形块。

3. 锅入油烧热，放入蒜末炝锅，随后放入黄鳝段、青红柿子椒块翻炒均匀，加蚝油、白糖、胡椒粉、盐调味。炒至鳝鱼熟透入味，出锅装盘即可。

原料 鳝鱼肉500克

调料 葱末、姜丝、绍酒、香油、植物油、生粉、酱油、醋、白糖、盐各适量

做法

1. 鳝鱼肉洗净，切段，沸水烫一下，捞出洗净，沥干水分。

2. 锅入油烧至七成热，鳝鱼肉拍生粉，放入油锅划散，炸约3分钟后捞出。再将油烧至八成热，投入鱼肉炸约3分钟，改文火炸脆，捞出。

3. 锅留少许油烧热，投入葱末炒香，加绍酒、姜丝、酱油、白糖、盐、醋烧成卤汁，将炸好的鳝鱼下锅，翻匀，淋香油，撒姜丝即可。

羊肝焖鳝鱼

原料 黄鳝300克，羊肝100克，花生仁30克

调料 姜片、蒜瓣、蚝油、料酒、花生油、酱油、醋、白糖、盐各适量

做法

1. 黄鳝宰杀，去骨洗净，切段，放入沸水锅中加料酒、醋焯水，捞出，冲洗干净。

2. 羊肝洗净，切片，和鳝鱼段加料酒、酱油腌渍片刻。

3. 锅中加花生油烧热，放入姜片、蒜瓣爆锅，放入羊肝片、鳝鱼段，旺火煸炒片刻。

4. 放入花生仁，加少许水，用蚝油、白糖、酱油、盐调味，开锅转文火焖至熟透入味，出锅装盘即可。

咸肉爆鳝片

原料 鳝鱼400克，熟咸肉100克，青尖椒条10克

调料 葱段、姜末、蒜末、辣椒酱、水淀粉、胡椒粉、花生油、酱油、醋、白糖各适量

做法

1. 鳝鱼洗净，切段。咸肉切片。酱油、醋、白糖、水淀粉调成芡汁。

2. 锅置旺火上，下花生油烧七成热，放入鳝鱼段、咸肉片爆锅，倒入漏勺，迅速沥去油。

3. 锅留油，放入蒜末、葱段、姜末、青尖椒条、辣椒酱、鳝鱼段、咸肉片略煸，倒入调好的芡汁，旺火爆炒，炒匀，撒上胡椒粉即可。

金蒜烧鳝段

原料 鳝鱼150克，蒜瓣100克

调料 干红椒、香菜段、老抽、料酒、植物油、白糖、盐各适量

做法

1. 鳝鱼处理干净，在背部均匀地割上花刀，斩成小段。

2. 干红椒洗净，切段。

3. 锅入油烧热，放入蒜瓣、干红椒炸香，再放入鳝段旺火煸炒，加水、盐、白糖、老抽、料酒旺火烧开，再用文火焖3分钟，待汤汁浓稠，撒上香菜段，盛盘即可。

原料 白鳝400克，榨菜50克

调料 葱花、葱白、姜片、香菜段、盐、胡椒粉、
油、香油各适量

榨菜蒸白鳝

做法

1. 鳝鱼宰后洗净，泡水片刻，取出除去滑腻，洗
净抹干，斩件，加盐、胡椒粉拌匀至碟上。

2. 榨菜用水浸透，挤干水分，切成薄片。葱白
洗净，切丝。

3. 将榨菜片、姜片、葱白丝分别撒在鳝鱼上，淋
上油，将鳝鱼隔水蒸熟，撒上葱花、香菜段，
淋香油即可。

泡椒鳝段

原料 鳝鱼400克，莴笋100克

调料 葱末、姜片、蒜片、泡椒酱、植物油、高
汤、料酒、酱油、醋、白糖、盐各适量

做法

1. 鳝鱼处理干净，切段。

2. 莴笋洗净，去皮，切丁，用沸水汆烫片刻，捞出
备用。

3. 锅中油烧至七成热，放入鳝鱼煸干水分，加入泡
椒酱、姜片、蒜片炒香，加莴笋丁、料酒、酱
油、盐、白糖调味，倒入高汤，旺火烧沸。改
用文火烧至鳝鱼熟软，收汁，加葱末、醋，调
匀，出锅装盘，放冷即可。

粉蒸泥鳅

原料 泥鳅300克，红地瓜100克，糯米粉50克

调料 姜末、蒜末、香菜末、泡红椒、甜面酱、醪
糟汁、菜籽油、料酒、红糖、盐各适量

做法

1. 红地瓜洗净，去皮，切长条。泡红椒剁细。

2. 泥鳅洗净，放入盘中，加糯米粉、姜末、蒜末、
盐、泡红椒、红糖、甜面酱、醪糟汁、料酒拌匀。

3. 将拌好的泥鳅入蒸碗内，上面再放红地瓜，上
笼蒸至红地瓜、泥鳅熟透，出笼翻扣于圆盘
中，浇上热油，撒上香菜末即可。

红烧带鱼 鱼类

原料 带鱼500克

调料 葱末、姜末、蒜末、食用油、料酒、酱油、醋、白糖、盐各适量

做法

1. 带鱼洗净，切成5厘米长的段。

2. 锅入油烧热，下入带鱼段炸至两面呈黄色，捞出沥油。

3. 锅留余油烧热，下入葱末、姜末、蒜末稍炒，加入料酒、酱油、白糖、醋、盐，倒入水，随即把带鱼放入锅中，旺火烧开，转文火慢烧，待带鱼熟透入味，盛入盘中，汤汁收稠，浇在带鱼上即可。

五香烧带鱼 鱼类

原料 带鱼400克

调料 葱末、姜片、蒜片、五香粉、绍酒、色拉油、酱油、醋、白糖、盐各适量

做法

1. 带鱼洗净，切段。

2. 锅入色拉油烧至七成热，放入带鱼块冲炸一下，捞出沥油。

3. 锅留少许底油，复置火上烧热，下入葱末、姜片、蒜片炝锅出香味，再烹入绍酒，加入酱油、醋、五香粉、白糖、盐、清水烧沸，然后放入炸好的带鱼段，文火焖至带鱼熟透，旺火收汁，出锅装盘即可。

煎蒸带鱼 鱼类

原料 带鱼400克，鸡蛋1个，面粉100克

调料 葱丝、姜丝、料酒、蒸鱼豉油、盐各适量

做法

1. 带鱼清洗净，切块，加料酒、盐、葱丝、姜丝腌渍10分钟。

2. 将腌好的鱼块，拣去葱丝、姜丝，裹上面粉，蘸满蛋液，入油锅煎至两面呈金黄色。

3. 煎好的鱼块放置盘中，均匀地倒上蒸鱼豉油，放上葱丝、姜丝上锅蒸10分钟即可。

原料 鲜带鱼400克，腊肠、梅干菜各50克

调料 蒜末、青辣椒粒、红辣椒粒、豆豉辣酱、蒸鱼豉油、黄酒、白糖、盐各适量

做法

1. 梅干菜放入清水中浸泡一夜，并用清水反复清洗，沥干，平铺在盘中。

2. 鲜带鱼剪掉头部，去除内脏，洗净，切成长段，放在梅干菜上面。

3. 腊肠切成小粒，和蒜末一起放入碗中，加豆豉辣酱、蒸鱼豉油、黄酒、盐、白糖、青椒粒、红椒粒搅拌均匀，倒在带鱼上面。

4. 蒸锅中加入水，旺火煮沸，将带鱼放入，持续用旺火蒸12分钟即可。

腊味蒸带鱼

侉炖黄鱼

糖醋黄花鱼

原料 大黄鱼400克，猪肉片、笋片、口蘑各30克

调料 葱段、姜片、蒜片、香菜段、八角、花椒、花生油、料酒、酱油、醋、白糖各适量

做法

1. 大黄鱼处理干净，两面剞入斜刀。锅中放入油烧热，将处理好的大黄鱼放入热油中稍炸。口蘑洗净，切片。

2. 锅入油烧热，投入花椒、八角、葱段、姜片、蒜片炒出香味，加入料酒、醋、酱油、白糖、口蘑片、笋片、水，放入大黄鱼用微火煨炖。

3. 油锅烧热，下入肉片煸炒，倒入鱼锅内，将鱼锅上火，收汁，放入盘内，撒上香菜段即可。

原料 黄花鱼1条，炸松子仁50克，水发香菇、荸荠各30克

调料 胡椒粉、清汤、淀粉、香油、植物油、料酒、酱油、醋、白糖、蒜末、姜末各适量

做法

1. 黄花鱼去鳞、内脏，洗净，剞花刀。香菇、荸荠分别洗净，切丁。

2. 锅入油烧至七成热，将黄花鱼用水淀粉抹匀，再拍上干淀粉，下油锅炸酥，捞出装盘中。

3. 锅中留油烧热，放入蒜末、姜末爆香，投入香菇丁、荸荠丁略炒，烹入料酒、酱油、清汤、白糖、胡椒粉烧沸，加醋，用水淀粉勾薄芡，淋香油，浇在鱼上，撒松子仁即可。

家常黄花鱼

原料 黄花鱼1条（重约600克）

调料 葱末、姜片、蒜片、甜酱、植物油、香油、料酒、高汤、生抽、香菜末、白糖、盐各适量

做法

1. 黄花鱼去鳞、内脏，洗净，两面剞刀花。

2. 锅入油烧热，放入葱末、姜片、蒜片爆出香味，加甜酱炒至变色，烹入料酒、生抽、白糖、盐调味，放入黄花鱼两面略煎，加高汤，急火烧开，慢火煨透，汤汁将干，将鱼翻身，继续收汁，淋入香油，撒香菜末出锅即可。

软煎鲅鱼

原料 鲅鱼肉400克，鸡蛋2个

调料 胡椒粉、面粉、植物油、盐各适量

做法

1. 鲅鱼肉洗净，斜刀切成片，用盐、胡椒粉拌匀，腌渍10分钟左右，裹上一层面粉。

2. 将鸡蛋磕入碗内，搅匀成鸡蛋糊。

3. 煎锅中倒入植物油烧热，将鱼片裹匀鸡蛋糊，放入锅内，煎至两面呈金黄色，沥油，出锅装盘即可。

干烧鲳鱼

原料 鲳鱼500克，肉丝30克，笋丝、木耳丝各50克

调料 葱丝、姜丝、辣椒丝、香菜段、植物油、香油、鲜汤、料酒、酱油、醋、白糖、盐各适量

做法

1. 鲳鱼处理干净，在鱼身两侧剞十字花刀，加少许酱油腌渍入味，入七成热油锅中炸至呈金黄色，捞出沥油。

2. 另起锅入油烧热，放入白糖炒至变红，放入肉丝、笋丝、木耳丝、葱姜丝、辣椒丝炒匀，加入鲜汤、处理好的鲳鱼，调入盐、醋、料酒、酱油，旺火烧开，转慢火烧熟，旺火收汁，淋香油，撒上香菜段即可。

原料 银鳕鱼1片(重约150克)，黄豆50克

调料 葱花、豉油汁、香菜末、色拉油、盐各适量

做法

1. 银鳕鱼片洗净，备用。

2. 黄豆洗净，入油锅中用文火慢炒，至水汽蒸干，调入盐，炒成豆酥待用。

3. 将炒好的豆酥放在鳕鱼上，上笼蒸6~7分钟，出笼，淋入少许豉油汁，撒上香菜末、葱花，装盘即可。

特点 清爽可口，不油腻。

黄豆酥蒸鳕鱼

冬菜蒸鳕鱼

原料 银鳕鱼1片(重约150克)，冬菜30克

调料 葱花、粉丝、豉油汁、色拉油各适量

做法

1. 银鳕鱼片洗净，备用。

2. 冬菜洗净，放入油锅中炒香，待用。粉丝用温水泡发。

3. 将冬菜加粉丝拌匀，放在鳕鱼上，上笼蒸6~7分钟，蒸熟出笼，淋入少许豉油汁，撒上葱花即可。

特点 味道鲜美、肉质滑嫩、色泽艳丽。

葱烧鳗鱼

原料 鳗鱼300克

调料 葱段、料酒、辣椒酱、酱油、植物油、香油、盐各适量

做法

1. 鳗鱼去内脏，洗净，切成段。

2. 锅入油烧热，下入鳗鱼滑熟，放入葱段炒香，加水旺火烧开，用盐、料酒、辣椒酱、酱油烧开，转文火烧至入味，淋入香油，出锅即可。

辣炒河鳗

原料 河鳗300克

调料 葱末、姜末、蒜末、干辣椒段、香菜段、花生油、高汤、水淀粉、生粉、醋、酱油、白糖、盐各适量

做法

1. 河鳗处理干净，切成段，拍上生粉。

2. 锅入油烧热，加酱油、醋、葱末、姜末、蒜末、干辣椒段爆香，加处理好的河鳗略炒，加盐、白糖、高汤调味，慢火烧透入味，撒入香菜段，水淀粉勾芡，出锅即可。

川江红锅黄辣丁

原料 黄辣丁500克，鲜番茄片、芹菜条各30克

调料 葱段、姜片、蒜末、四川泡酸菜、川椒节、辣豆瓣酱、花椒、胡椒、花生米、八角、香叶、高汤、色拉油、冰糖各适量

做法

1. 黄辣丁宰杀，洗净待用。

2. 锅入油烧至七成热，下冰糖文火炒至呈红棕色，下入辣豆瓣酱、花椒、胡椒、姜片、八角、香叶、花生米旺火煸炒出香味，加高汤中火熬制成汤艳红、浓厚鲜香，滤渣待用。

3. 锅中加油烧热，将泡酸菜、黄辣丁、芹菜条旺火煸香，倒入红汤，文火烧入味，放入川椒节、蒜末、鲜番茄片、葱段，随火上桌即可。

干锅黄辣丁

原料 黄辣丁500克，红尖椒圈30克，紫苏叶10克

调料 姜片、蒜瓣、豆瓣酱、辣子、胡椒粉、干椒段、鲜汤、植物油、红油、料酒、醋、盐各适量

做法

1. 黄辣丁从鳃部撕去内脏，洗净血水，待用。

2. 锅入油烧至六成热，下入黄辣丁、蒜瓣略炸，倒入漏勺沥油。紫苏叶洗净。

3. 锅内留底油，下入姜片、干椒段、豆瓣酱、辣子炒香，再放入黄辣丁、蒜瓣，烹入醋、料酒，注入鲜汤，旺火烧开，撇去浮沫，加入盐、胡椒粉，待黄辣丁烧至入味，旺火收浓汤汁，放入紫苏叶、红尖椒圈，淋红油，出锅即可。

原料 加吉鱼1尾，青椒丝、红椒丝、猪肥膘肉各20克

调料 葱丝、姜片、水淀粉、料酒、盐各适量

做法

1. 加吉鱼去鳞、鳃、内脏，洗净，在鱼身上打柳叶花刀，下沸水中氽烫，捞出，盛入盘内。

2. 猪肥膘肉洗净，切成小片。

3. 将姜片、猪肥膘肉片摆在鱼身上，淋上料酒，上笼蒸熟取出，拣出姜片、猪肥膘肉片。

4. 锅中加入少量清水，倒入蒸鱼的原汁，加入盐调味，水淀粉勾薄芡，浇在鱼身上，撒上红椒丝、青椒丝、葱丝即可。

清蒸加吉鱼

酸辣回锅三文鱼

原料 三文鱼400克，青尖椒块、红尖椒块各50克，口蘑片、杏鲍菇片各30克

调料 干葱片、蒜片、花椒粉、咖喱粉、淀粉、蒜蓉辣椒酱、豆豉辣酱、番茄酱、干辣椒末、植物油、老抽、料酒、白糖、盐各适量

做法

1. 三文鱼洗净，斜刀切块，用花椒粉、咖喱粉、料酒和干淀粉拌匀腌渍入味，入煎锅煎至两面金黄，倒出控油。

2. 锅中油烧热，放干辣椒末、干葱片、蒜片、蒜蓉辣椒酱、口蘑片、杏鲍菇片、豆豉辣酱、番茄酱炒香，加水，放入三文鱼块、青尖椒块、红尖椒块，调入老抽、盐、白糖烧至汤稠味浓，用水淀粉勾芡即可。

蒜瓣泡椒烧鲖鱼

原料 母鲖鱼400克，水发香菇50克

调料 葱末、姜片、蒜瓣、泡椒段、植物油、酱油、料酒、白糖各适量

做法

1. 母鲖鱼处理干净，切成厚片，入热油锅中略炸，捞出沥油。

2. 水发香菇洗净，切条。

3. 锅中加油烧热，放入蒜瓣炸至呈金黄色，放入葱末、姜片、泡椒段炒香，烹入料酒、水、酱油、白糖调味，烧开放入鲖鱼、香菇，转文火烧至熟透入味，改旺火烧至汤汁浓稠，出锅即可。

葱烧鲨鱼皮

原料 鲨鱼皮300克，香菇、油菜心各100克

调料 葱段、蚝油、高汤、植物油、盐各适量

做法

1. 发好的鲨鱼皮洗净，改刀成片。
2. 香菇洗净，去蒂。油菜心洗净。
3. 鲨鱼皮入沸水锅汆水，捞出备用。
4. 油菜心入沸水锅汆水，捞出围在盘边。
5. 锅内加油烧热，放入葱段爆香，加入鲨鱼皮、香菇，烹入盐、蚝油，倒入高汤炖至软糯，装入盘中即可。

蒜仔烧鲨鱼皮

原料 水发鲨鱼皮300克，青、红尖椒各50克

调料 葱丝、姜汁、蒜瓣、料酒、香油、植物油、高汤、水淀粉、白糖、盐各适量

做法

1. 发好的鲨鱼皮洗净，切成长的菱形片，泡入清水中。蒜瓣入油锅炸香。
2. 将鱼皮用沸水汆，加入高汤、料酒稍煮，捞出控水。青、红椒洗净，切条。
3. 锅入油烧热，放入蒜瓣略炒，加入葱丝、青红椒条、高汤、料酒、姜汁、白糖、盐烧开，打去浮沫，放入鲨鱼皮微火煮入味，水淀粉勾芡，淋入香油，出锅装盘即可。

苦瓜鱼丝

原料 黑鱼肉350克，苦瓜150克

调料 胡椒粉、水淀粉、色拉油、白醋、白糖、盐各适量

做法

1. 苦瓜洗净，去籽切丝，焯水。黑鱼肉洗净，切丝，加盐、水淀粉、胡椒粉拌匀待用。
2. 锅放油烧热，放入鱼丝滑散、滑熟，倒入漏勺，控油待用。
3. 锅留底油烧热，倒入黑鱼丝、苦瓜丝炒匀，加白糖、白醋、盐调味，继续翻炒均匀，出锅即可。

原料 火焙鱼300克，青椒200克

调料 葱、酱油、食用油各适量

做法

1. 火焙鱼洗净，沥干水分。青椒洗净切丝。葱洗净切丝。

2. 锅入油烧至六成热，放入火焙鱼炸香，倒入漏勺控净油。

3. 锅留底油烧热，炒香葱丝，加青椒丝、酱油煸炒，放入炸好的火焙鱼，炒匀即可。

小炒火焙鱼　鱼类

白辣椒蒸火焙鱼　鱼类

椒盐鱼米　鱼类

原料 火焙鱼400克，青尖椒、红尖椒、白辣椒各50克

调料 豆豉、植物油、猪油、酱油、醋、盐、葱花、蒜末各适量

做法

1. 青尖椒、红尖椒分别洗净，切成小圈。白辣椒洗净，切段。

2. 火焙鱼洗净下热油锅炸酥，放入碗里，撒上青尖椒圈、红尖椒圈、白辣椒段、蒜末、豆豉、盐、酱油、醋，浇上猪油，入蒸锅蒸10分钟，撒葱花拌匀即可。

原料 净鱼肉500克，青椒末、红椒末、洋葱末各10克，蛋清1个

调料 姜末、蒜末、胡椒粉、芝麻、香油、椒盐、淀粉、色拉油、盐各适量

做法

1. 净鱼肉洗净切见方的小丁，加椒盐、盐、蛋清、淀粉拌匀，待用。

2. 锅入油烧至六成热，放入处理好的鱼丁炸至外焦里嫩、色泽浅黄，捞出沥油。

3. 锅留底油烧热，放入胡椒粉、芝麻、姜末、蒜末炒香，下鱼丁略翻炒，淋香油，撒上青椒末、红椒末、洋葱末即可。

辣子鱼块

原料 鲜鱼肉500克，泡红辣椒50克

调料 葱段、姜片、蒜片、料酒、植物油、高汤、酱油、醋、白糖、盐各适量

做法

1. 鱼肉洗净，切成3厘米见方的块，加料酒、盐腌半小时。

2. 锅入油烧至七成热，放入泡红辣椒炒出红色，加姜片、葱段、蒜片炒出香味，烹入料酒，加酱油、盐、白糖、倒入鱼块、高汤，旺火烧开，改用文火烧，待汁收干时，加入醋，起锅盛出即可食用。

泡菜烧鱼块

原料 鲜鱼500克，泡酸菜丝50克，泡红椒段20克

调料 葱花、姜末、蒜末、高汤、面粉、淀粉、植物油、酱油、醋、盐各适量

做法

1. 鲜鱼剖腹，去鳞、鳃、内脏，洗净取肉。在鱼身两面划数刀，切成块，加盐腌渍入味。面粉、淀粉加水调糊。

2. 锅入油烧热，鱼块裹上面糊，入锅中煎至两面呈黄色，铲起，待锅内余油再次烧热，下姜末、蒜末、泡红椒段炸出香味，放入酱油、高汤、鱼，文火烧开，放入泡酸菜丝，烧至入味，淋入水淀粉收汁，起锅，烹入醋，撒上葱花即可。

香菇鱼块

原料 鱼肉200克，水发香菇75克，鸡蛋1个

调料 葱段、姜片、蒜片、料酒、胡椒粉、干淀粉、水淀粉、香油、植物油、酱油、盐、高汤各适量

做法

1. 鸡蛋打成蛋液，加干淀粉调成糊。水发香菇洗净，切片。鱼肉洗净，用料酒、盐、胡椒粉腌30分钟，裹上鸡蛋淀粉糊。锅入油烧热，放入鱼块，炸至呈金黄色，捞出沥油。

2. 锅留余油烧热，下姜片、葱段、蒜片炒出香味，加高汤，放入鱼块、香菇片、酱油、盐、料酒，慢火烧透入味，将香菇摆在盘边周围。用水淀粉勾芡，淋香油即可。

原料 鲜鱼600克

调料 葱段、葱花、姜丝、红辣椒、水淀粉、鲜汤、胡椒粉、植物油、香油、熟猪油、绍酒、酱油、盐各适量

做法

1. 鱼宰杀洗净，沥干，剔肉切成块。

2. 红辣椒洗净，去籽，切成丝。

3. 锅入油烧至八成热，放入鱼块翻炒，加红椒丝、姜丝、葱段、绍酒、盐、酱油煸炒入味，放入鲜汤，盖上盖焖烧2~3分钟，汤汁收紧，再加入熟猪油、葱花，用水淀粉勾芡，淋入香油，撒上胡椒粉即可。

椒香鱼 鱼类

青豆焖鱼鳔 鱼类

泡椒辣鱼丁 鱼类

原料 鱼鳔300克，青豆150克，熟蚕豆、泡椒各适量

调料 葱段、姜末、蒜末、胡椒粉、料酒、清汤、蚝油、色拉油、盐各适量

做法

1. 青豆洗净。鱼鳔洗净，氽水，冷水冲凉，沥干水分待用。

2. 锅入油烧热，放入葱段、姜末、蒜末炒香，加入适量清汤、鱼鳔、青豆、蚕豆、泡椒、料酒，加盐调味，烧开后改文火焖10～15分钟，加蚝油、胡椒粉拌匀即可。

原料 鲜鱼肉400克，泡椒、豆腐干各50克

调料 葱末、姜末、蒜片、淀粉、食用油、香油、酱油、高汤、料酒、胡椒粉、盐各适量

做法

1. 泡椒洗净切末。豆腐干洗净切丁。

2. 鱼肉洗净，切丁，加胡椒粉、盐、料酒、淀粉拌匀腌渍。

3. 锅入油烧至六成热，放鱼肉丁炸至金黄色捞起。

4. 锅内留少许油烧热，加入泡椒末、姜末、蒜片、葱末炒香，倒入高汤烧开，放入炸酥的鱼肉丁、豆腐干丁，加入胡椒粉焖5分钟，烹入料酒、酱油、香油翻炒片刻，盛盘即可。

泼辣鱼糕

原料 鱼糕300克，芹菜、粉条各50克；榨菜20克

调料 葱花、姜末、野山椒、熟白芝麻、辣椒油、食用油、干辣椒、清汤各适量

做法

1. 鱼糕改刀成片。芹菜洗净，切段。野山椒洗净切末待用。粉条温水泡软。

2. 将粉条煮熟，控水，放入容器里，上面放入芹菜段、榨菜。

3. 锅入油烧热，放入野山椒、姜末炒出香味，倒入清汤，投入鱼糕片、芹菜段、粉条、榨菜调味，煮熟后盛入容器里。

4. 锅放入辣椒油烧热，放入干辣椒炸出香味，浇在碗中原料上，撒上熟白芝麻、葱花即可。

咸鱼蒸白菜

原料 白菜、咸鲅鱼各200克

调料 葱花、姜丝、红椒圈、酱油、熟猪油、植物油、料酒各适量

做法

1. 咸鲅鱼洗净，切块，放入热油锅中略炸，捞出，沥油。

2. 白菜洗净，切粗条，放入碗中。

3. 将炸好的咸鱼块放在碗中白菜上，加姜丝、红椒圈放在上面，淋上料酒、熟猪油、酱油，放入蒸笼中，中火蒸20分钟，出锅撒葱花即可。

干锅鱼杂

原料 鱼杂（鱼肚、鱼子、鱼油）600克，南豆腐200克，美人椒段30克

调料 香菜段、葱段、老姜片、干红椒、辣椒酱、花椒、料酒、白酒、植物油、醋、盐各适量

做法

1. 鱼杂洗净，沥干水分。干红椒洗净，掰碎。豆腐洗净切成方块，放入沸水中汆烫1分钟捞出。

2. 锅入油烧热，放入鱼肚、鱼油翻炒，加葱段、老姜片、干红椒、花椒、料酒翻炒均匀，加入鱼子、豆腐块略微翻炒，加水旺火烧开，加盐、辣椒酱、白酒、醋，转文火炖制15分钟。加入美人椒段，炖至汤汁浓稠，撒香菜段出锅即可。

原料 水发鱿鱼400克，玉兰片、猪瘦肉各100克

调料 葱花、酸泡菜、干红椒段、水淀粉、熟猪
油、肉清汤、香油、酱油、醋、盐各适量

做法

1. 水发鱿鱼去须，去骨，洗净，打上花刀，入热水
   中稍烫，捞出，沥干水分，加水淀粉、盐腌渍片
   刻。猪瘦肉、酸泡菜、玉兰片均切碎。

2. 锅入熟猪油烧热，下鱿鱼卷熘一下，捞出沥油。

3. 炒锅入熟猪油烧热，下猪瘦肉、玉兰片、酸泡
   菜、干红椒段煸炒，下鱿鱼卷、酱油、醋翻炒
   均匀，加肉清汤烧开，用水淀粉勾芡，出锅装
   盘，淋香油，撒上葱花即可。

酸辣笔筒鱿鱼 　鱼类

笋干鱿鱼肉丝 　鱼类

原料 鱿鱼干50克，笋干10克，芹菜、金针菇、青
椒、红椒各30克

调料 色拉油、酱油、醋、盐各适量

做法

1. 鱿鱼干、笋干泡发，洗净，切丝。青椒、红椒
   洗净，切条。芹菜洗净，切段。金针菇去根，
   撕散，洗净。

2. 锅入油烧热，放入鱿鱼丝翻炒至八成熟，加
   入泡发笋干丝、芹菜段、青椒条、红椒条、
   金针菇炒熟，加入盐、醋、酱油调味，起锅
   装盘即可。

鱿鱼肉丝 　鱼类

原料 鱿鱼300克，猪肉丝50克，柿子椒丝、笋丝
各30克

调料 植物油、淀粉、香油、料酒、酱油、盐各
适量

做法

1. 鱿鱼处理干净，切丝，用沸水氽好。猪肉丝洗
   净，用淀粉抓匀上浆。

2. 起锅入油烧热，下猪肉丝滑散，捞出，沥油。

3. 锅留底油烧热，烹入料酒，下入鱿鱼丝、猪肉
   丝、笋丝、柿子椒丝翻炒，加盐、酱油调味，
   用水淀粉勾芡，淋香油出锅即可。

干鱿炒烟笋 鱼类

原料 干烟笋10克，干鱿鱼20克，红椒40克，五花肉50克

调料 葱段、植物油、红油、清汤、盐各适量

做法

1. 先将干烟笋用温水泡发，切成条。五花肉洗净，切厚片。烟笋条放入锅中，加清汤、盐煨制入味。

2. 干鱿鱼泡发，切丝。红椒洗净，切丝。

3. 鱿鱼丝用温水洗净，下油锅煸炒，加煨好的烟笋条、红椒丝、五花肉片、盐、红油翻炒入味，撒上葱段出锅装盘即可。

腐皮干鱿 鱼类

原料 水发鱿鱼300克，豆腐皮、火腿各150克，豆角100克

调料 葱末、姜末、胡椒、水淀粉、高汤、植物油、鸡油、盐各适量

做法

1. 豆腐皮切成条，入沸水中煮软，捞入清水中。

2. 水发鱿鱼洗净，改刀成条。火腿切条。豆角洗净，切段。

3. 锅入油烧热，下姜末、葱末爆香，再加高汤烧开，下入鱿鱼条、豆腐皮、豆角段、火腿条，加盐、胡椒烧开，用水淀粉勾芡，淋鸡油即可出锅。

酸辣鱿鱼片 鱼类

原料 鱿鱼片300克，泡菜、水发香菇、冬笋各30克，猪肉末40克

调料 蒜末、干红辣椒末、猪油、鸡汤、水淀粉、香油、料酒、酱油、盐、清汤各适量

做法

1. 鱿鱼片清洗干净。水发香菇、泡菜、冬笋均洗净，切成粒。

2. 锅内放入清汤、料酒、酱油，下入鱿鱼片余水，捞出，沥干水分。

3. 锅中加猪油烧热，下入猪肉末、冬笋粒、香菇粒、泡菜粒、干红辣椒末炒出香味，放盐、酱油、鸡汤、蒜末调味，下入鱿鱼片烧入味，用水淀粉勾芡，淋香油，装入盘内即可。

原料 鲜鱿鱼400克，青辣椒丝、红辣椒丝各50克

调料 葱丝、姜丝、生抽、食用油各适量

做法

1. 鱿鱼去内脏，洗净，切成蜈蚣花。

2. 锅入清水烧热，放入鱿鱼花烫熟，捞出，装入盘中，备用。

3. 鱿鱼花上浇生抽，撒葱丝、姜丝、青辣椒丝、红辣椒丝，泼热油即可。

特点 保有食材本身的清甜，而且鱿鱼很嫩，不会因为反复翻炒变得太老。

油淋鲜鱿 鱼类

酥炸鲜鱿球 鱼类

原料 咸面包粒500克，鲜鱿鱼300克，鸡蛋清少许

调料 胡椒粉、淀粉、香油、绍酒、千岛汁、色拉油、盐各适量

做法

1. 鲜鱿鱼用搅拌机搅成鱿鱼泥，加入盐、胡椒粉、淀粉、鸡蛋清、香油、绍酒搅匀上劲。

2. 将鲜鱿鱼泥挤成大小均匀的鱼丸，再裹匀面包粒。

3. 锅中加油烧至五成热，逐个放入鲜鱿鱼球浸炸至上色，捞出。待油温升高时，把鱿鱼球全部放入油锅中复炸至呈金黄色，捞出沥油，码放入盘中，配千岛汁一起上桌蘸食即可。

豉椒鲜鱿鱼 鱼类

原料 鲜鱿鱼300克，青椒块、红椒块250克，洋葱块50克

调料 葱段、姜末、蒜泥、胡椒粉、豆豉、酱油、料酒、香油、水淀粉、植物油、白糖、盐各适量

做法

1. 鱿鱼洗净，剞上花刀，切成块，用沸水汆烫，捞出。盐、白糖、胡椒粉、酱油、水淀粉放入碗中，调成芡汁。

2. 锅入油烧热，放入青椒块、红椒块、洋葱块、盐炒熟，盛出。鱿鱼花过油，捞出控净油。

3. 锅入油烧热，加入姜末、蒜泥、豆豉、葱段炒香，加入青椒块、红椒块、洋葱块、鱿鱼花、料酒，倒入调好的芡汁，淋香油炒匀即可。

椒麻鱿鱼花

原料 鲜鱿鱼400克

调料 葱叶、花椒粒、干淀粉、植物油、香油、鲜汤、盐各适量

做法

1. 鲜鱿鱼处理干净，剞成荔枝花刀，用沸水汆煮成鱿鱼花，捞出摆盘。

2. 葱叶、花椒粒洗净，剁细成椒麻糊，加盐、香油、鲜汤调成椒麻味汁。

3. 将鱿鱼花拍上干淀粉，入油锅中炸熟，盛出，淋上调好的椒麻味汁即可。

椒盐鱿鱼圈

原料 鲜鱿鱼500克，鸡蛋清1个

调料 花椒盐、淀粉、色拉油、盐各适量

做法

1. 鱿鱼去内脏洗净，顶刀切圈。

2. 鸡蛋清放入碗中，加入淀粉、盐、清水拌匀，制成蛋清糊。

3. 净锅上火，加入色拉油烧至七成热，把鱿鱼圈先滚上少许蛋清糊，放入油锅中炸透，待卷起、呈浅金黄色，捞出沥油，装入盘中，撒上花椒盐即可。

清蒸鱿鱼豆腐

原料 鱿鱼400克，豆腐100克

调料 葱花、蒜蓉辣酱、色拉油、盐各适量

做法

1. 鱿鱼洗净，撕去红色外衣，切段。豆腐洗净切小块，铺好。

2. 将切好的鱿鱼摆在豆腐上，撒上少许盐，上锅隔水蒸熟。

3. 锅入油烧热，下入蒜蓉辣酱炒出红油，浇在鱿鱼上，撒葱花即可。

原料 墨斗鱼500克，黄瓜100克

调料 姜、醋、酱油、香油、盐各适量

做法

1. 墨斗鱼撕去表面薄皮，去骨，洗净黑膜，切3厘米长细丝，放进沸水锅中煮熟，捞出，晾凉，放碟中。

2. 将黄瓜洗净，切丝，放在墨斗鱼上面。姜刮净皮，切细末，与其他调料放在一起，调匀，浇在墨斗鱼丝上，拌匀即可。

姜汁墨斗鱼 鱼类

雪菜墨鱼丝 鱼类

原料 大墨鱼300克，雪菜碎、青红椒丝各50克

调料 葱末、姜末、鸡粉、胡椒面、面粉、植物油、料酒、醋、盐各适量

做法

1. 大墨鱼洗净，切丝。料酒、盐、鸡粉、胡椒面、醋、面粉调成料汁。

2. 锅中清水烧开，放入墨鱼丝氽水，捞出控水。锅入油烧至四五成热，放入墨鱼丝滑油，捞出沥油，放青红椒丝过油，捞出沥油。

3. 锅中留油烧热，放葱末、姜末炝锅，放雪菜碎、青椒丝、红椒丝翻炒，倒入兑好的调料汁，放入墨鱼丝炒匀，出锅装盘。

木耳西芹花枝片 鱼类

原料 净墨鱼片200克，水发木耳50克，西芹150克，彩椒块30克

调料 葱末、姜末、蒜末、胡椒面、水淀粉、植物油、香油、料酒、醋、白糖、盐各适量

做法

1. 木耳洗净，撕小朵。西芹洗净，切块。锅中加水烧开，放西芹、墨鱼片氽水，倒入漏勺控水。

2. 锅入油烧至五成热，放入西芹块、墨鱼片、彩椒块过油，快速倒入漏勺内控油。

3. 锅入油烧热，放葱、姜、蒜末、料酒炝锅，放盐、胡椒面、白糖、醋、木耳、西芹块、墨鱼片、彩椒块翻炒，用水淀粉勾芡，淋香油，炒匀出锅即可。

洋葱烧墨鱼条 鱼类

原料 墨鱼250克，青椒、红椒、洋葱各25克

调料 蒜末、生油、香油、胡椒粉、淀粉、料酒、白糖、盐各适量

做法

1. 料酒、盐、白糖、淀粉调成芡汁。墨鱼撕去皮，洗净沥干水，横纹切条，用香油、盐、胡椒粉、淀粉腌约10分钟，备用。洋葱洗净，切丝。青椒、红椒分别洗净，切条。

2. 锅入油烧热，爆香蒜末，放入墨鱼条、洋葱丝、青红椒条翻炒，烹入芡汁，旺火翻匀，收汁，出锅装盘即可。

果味鱼卷 鱼类

原料 乌鱼500克，净菠萝250克，鸡蛋2个，面包糠100克

调料 淀粉、精炼油、白糖、盐各适量

做法

1. 乌鱼洗净，去皮，去骨，切片。鸡蛋打入碗中，搅匀，放入淀粉调成糊，下鱼片裹匀，裹上面包糠。净菠萝打成汁。

2. 锅入精炼油烧热，下鱼片炸至呈金黄色卷起，捞起放入盘内。

3. 另起锅入精炼油烧热，下菠萝汁，加白糖、盐、清水慢慢熬至浓稠，淋在鱼卷上即可。

爆炒花枝片 鱼类

原料 墨鱼（花枝）300克，水发香菇片、莴笋片、胡萝卜片各30克

调料 葱末、蒜末、水淀粉、香油、花生油、白酱油、醋、盐各适量

做法

1. 墨鱼洗净，片成片。香菇片、莴笋片入沸水锅中焯水。白酱油、醋、香油、盐、水淀粉调成料汁待用。

2. 锅置旺火上，倒入花生油烧至六成热，放入墨鱼片过油，捞出，沥油。

3. 锅留底油烧热，放入葱末、蒜末炒香，倒入调好的料汁烧开，放入墨鱼片、香菇片、莴笋片、胡萝卜片旺火爆炒，收汁，出锅装盘即可。

原料 大虾300克

调料 葱段、郫县豆瓣、胡椒面、干淀粉、清汤、
食用油、酱油、料酒、盐各适量

香辣大虾　　虾类

做法

1. 大虾洗净，去虾须、虾线，在每个虾的背上都
划一刀，装入碗中，加料酒、盐、胡椒面码
味，裹上干淀粉。

2. 锅入油烧热，放入虾片炸至呈蛋黄色，捞出。
锅留余油，放入葱段炒软，倒入碗内。

3. 锅入油烧热，下郫县豆瓣炒至呈红色，加汤稍
煮，撇去豆瓣渣，放入虾、葱段，加酱油烧透
入味，将汁收干亮油，起锅凉凉，浇上炒虾的
油汁即可。

剁椒虾仁炒蛋　　虾类

淮扬小炒　　虾类

原料 速冻虾仁10粒、鸡蛋4枚

调料 葱花、剁椒酱、胡椒粉、食用油、料酒、香
油、味极鲜酱油各适量

做法

1. 虾仁洗净，去虾线，剁碎，用少许胡椒粉，料酒
腌渍10分钟。

2. 鸡蛋打散，放入料酒，倒入腌渍好的虾仁碎、葱
花，放入剁椒酱、香油、水，搅拌均匀。

3. 煎锅抹油烧热，倒入准备好的蛋液，轻轻晃动，
使蛋液受热均匀，1分钟后，轻轻翻转，再快
速翻炒，最后烹入少许味极鲜酱油，起锅装盘
即可。

原料 河虾仁300克，红椒片、彩椒片、腰果、芦
笋片各50克

调料 葱末、姜末、蛋清、水淀粉、高汤、花生
油、料酒、白糖、盐各适量

做法

1. 虾仁去虾线，用水洗干净，挤干水分，放小盆
内，放蛋清、水淀粉、盐拌匀上浆。

2. 锅入油烧热，放入虾仁拨散滑透至熟，放红椒
片、彩椒片过油，捞出，沥油。

3. 锅留少许底油烧热，放入葱末、姜末炝锅，倒入
虾仁、芦笋片、红椒片、彩椒片、盐、白糖、料
酒、高汤翻炒均匀，用水淀粉勾芡，颠炒，放腰
果炒匀，出锅装盘即可。

金沙基围虾

原料 基围虾400克

调料 葱末、姜末、炸蒜蓉、豆豉、干辣椒、胡椒粉、植物油、白糖、盐各适量

做法

1. 基围虾处理干净，用盐、豆豉、胡椒粉、白糖腌渍入味。

2. 锅入油烧至七成热，放入基围虾炸至皮脆，捞出备用。

3. 另起锅入油烧热，放入葱末、姜末爆香，加豆豉、干辣椒、炸蒜蓉、炸好的基围虾炒匀，出锅即可。

清炒虾仁

原料 鲜虾仁200克，嫩青豆、滑子菇各20克，蛋清1个

调料 葱花、姜丝、蒜末、胡椒粉、淀粉、高汤、植物油、香油、料酒、白糖、盐各适量

做法

1. 虾仁洗净，放入碗中，加蛋清、盐、淀粉上浆。将嫩青豆、滑子菇洗净放入沸水锅中，加入白糖、盐，汆熟，捞出沥水备用。

2. 将虾仁下油锅中滑熟，捞出。锅中留底油烧热，加葱花、姜丝、蒜末爆香，倒入虾仁、滑子菇、青豆，烹料酒、高汤，加盐、白糖、胡椒粉、水淀粉烧入味，淋香油炒匀即可。

雪菜毛豆炒虾仁

原料 净虾仁300克，雪菜、毛豆各20克

调料 葱末、姜末、红尖椒丁、蛋清、淀粉、高汤、植物油、料酒、盐各适量

做法

1. 虾仁洗净，挤干水分，放小盆里，加蛋清、盐、淀粉拌匀上浆。雪菜洗净。毛豆洗净，煮熟。

2. 锅入油烧至三成热，放入虾仁拨散滑熟，捞出，沥油。

3. 原锅留少许底油烧热，用葱末、姜末、红尖椒丁炝锅，放雪菜、毛豆煸炒出香味，再放入虾仁、料酒、盐、高汤颠炒均匀，用水淀粉勾芡，出锅即可。

原料 螃蟹500克

调料 葱花、姜片、蒜片、水淀粉、干灯笼椒、花椒、豆瓣、高汤、色拉油、料酒、香菜末各适量

做法

1. 螃蟹洗净，斩成块。

2. 锅入油烧热，放入肉蟹块炸酥，捞出待用。

3. 炒锅留少许余油，放入豆瓣、葱花、姜片、蒜片、干灯笼椒、花椒炒香至呈红色，倒入高汤，下肉蟹，烹料酒，烧至入味，水淀粉勾芡，收汁，撒香菜末起锅即可。

香辣蟹

茄子焖蟹

原料 蟹子300克，茄子200克

调料 植物油、辣椒酱、葱姜蒜末、白糖、料酒、泡椒酱、水淀粉、清汤、盐各适量

做法

1. 蟹子洗净去杂质，蟹钳拍碎，用沸水烫一下捞出。茄子洗净，切条。

2. 锅入油烧热，下入葱姜蒜末爆锅，放茄子煸炒回软，再放辣椒酱、泡椒酱、料酒炒出香味，加清汤烧开，放入蟹子，用白糖、盐调味，转文火焖至入味后，用水淀粉勾芡，待汤汁浓稠即可出锅食用。

肉蟹蒸蛋

原料 肉蟹1只，猪瘦肉100克，鸡蛋1个

调料 葱花、蒜末、淀粉、胡椒粉、香油、生抽、盐、食用油各适量

做法

1. 把肉蟹收拾干净，剁块，沥干水分。

2. 猪瘦肉洗净，剁成肉末，加盐、生抽、淀粉、香油、胡椒粉和少量水拌匀。鸡蛋打散，加入处理好的肉末搅匀。

3. 把剁好的蟹块按原形码在盘中，加入搅匀的肉末鸡蛋，上蒸锅用旺火蒸熟，取出待用。

4. 锅入油烧热，放入蒜末用慢火爆香，浇在蟹上，撒上葱花即可。

糯米蒸闸蟹 蟹类

原料 糯米200克，大闸蟹1只（重约300克）

调料 葱花、绍酒、盐各适量

做法

1. 大闸蟹杀洗干净，用盐水泡2分钟，备用。

2. 糯米淘净，沥干水分，加入盐、绍酒拌匀，同闸蟹一起摆在盘内，入蒸锅蒸20分钟取出，撒上葱花即可。

提示 螃蟹不可与红薯、南瓜、蜂蜜、橙子、梨、石榴、西红柿、香瓜、花生、蜗牛、芹菜、柿子、兔肉、荆芥同食。吃螃蟹不可饮用冷饮，会导致腹泻。

豆腐蒸蟹 蟹类

原料 螃蟹1只（重约400克），南豆腐100克

调料 葱花、姜末、酱油、胡椒粉、白糖、盐各适量

做法

1. 螃蟹揭开蟹盖，清洗干净。

2. 豆腐洗净切成块，铺在碗底，将螃蟹码放在豆腐上，加入酱油、胡椒粉、白糖、盐、少许水，盖上蟹壳，撒入葱花、姜末，入锅蒸熟即可。

特点 这样做出来的豆腐特别咸鲜、入味，螃蟹也在原有的鲜甜上多了一丝清香，营养价值也很高。

辣炒螃蟹 蟹类

原料 螃蟹350克

调料 葱花、蒜片、姜片、干辣椒节、海鲜酱、鲜汤、水淀粉、干细淀粉、香油、花椒油、辣椒油、精炼油、胡椒粉、料酒、盐各适量

做法

1. 活肉蟹洗净，斩成块，加入盐、料酒拌匀。锅入精炼油烧热，将蟹块斩口处粘裹上干细淀粉，入热油炸熟。

2. 锅入油烧热，放入干辣椒节炒香，倒入鲜汤略烧，再下葱花、姜片、蒜片、螃蟹，最后放入盐、料酒、海鲜酱烧2分钟，用水淀粉勾薄芡，淋入香油、花椒油、辣椒油，撒上胡椒粉翻匀即可。

原料 蛤蜊300克，苦瓜200克

调料 姜汁、蒜泥、香油、料酒、白糖、盐各适量

做法

1. 苦瓜洗净，切片放入滚水中焯透，浸入冰水减去苦味。

2. 蛤蜊洗净放入滚水锅中煮熟，去壳取肉，下油锅爆炒，加姜汁、料酒、盐拌匀。

3. 将苦瓜片铺在砂锅底，放上蛤蜊肉，加拌匀的姜汁、蒜泥、白糖、盐及适量清水，焖至蛤蜊熟透入味，淋上香油即可。

苦瓜焖蛤蜊　贝类

粉丝蒸青蛤　贝类

蛏子蒸丝瓜　贝类

原料 青蛤300克，粉丝100克，红辣椒1个

调料 姜末、蒜末、花生油、生粉、白糖、盐各适量

做法

1. 青蛤洗净，用沸水烫开，摆入盘内。

2. 红辣椒洗净，切成细粒。

3. 粉丝洗净，泡软切段。

4. 将粉丝铺在青蛤上。蒜末加姜末、红辣椒粒、盐、生粉、花生油、白糖拌匀，撒在粉丝上面，上蒸笼，用旺火蒸10分钟，取出即可。

原料 蛏子300克，丝瓜200克

调料 葱花、姜丝、蒜末、香菜末、料酒、花生油、盐各适量

做法

1. 蛏子放盐水里养几个小时，使其吐尽泥沙。

2. 丝瓜洗净，去皮，切成滚刀块，放大碗里。

3. 蛏子处理干净，取净肉，铺在丝瓜上，放上姜丝、蒜末、葱花、香菜末，撒上盐、料酒，淋上花生油，旺火把水烧开，放入整碗丝瓜蛏子，旺火蒸6分钟，出锅撒香菜末即可。

剁椒蒸带子

原料 鲜活带子300克

调料 葱花、蒜末、姜末、花生油、剁椒、胡椒粉、蚝油、水淀粉各适量

做法

1. 把鲜活带子洗净，从中间分开，用沸水烫洗一下。

2. 锅入油烧至六成热，放蒜末炒香，把剁椒、胡椒粉、蚝油、姜末、水淀粉、花生油一起调成芡汁。

3. 带子肉上淋上调好的芡汁，上笼用旺火蒸5分钟，出笼，撒上葱花，将剩余的花生油烧至七成热，淋在带子上即可。

葱油海螺

原料 鲜海螺肉300克

调料 葱花、香油、食用碱、植物油、白糖、盐各适量

做法

1. 鲜海螺肉洗净，改刀成薄片，放入盆内，加入适量清水、食用碱，泡制10分钟待用。锅入水烧至沸腾，放入泡制后的海螺肉片，余至成熟后，捞起晾凉。

2. 锅中烧油至四成热，放入葱花，慢慢炒香出味后起锅。

3. 盆中加入盐、白糖、香油、葱油调匀，放入海螺肉片充分拌匀，装盘即可。

荷兰豆爆螺片

原料 荷兰豆100克，海螺肉400克，胡萝卜50克

调料 水淀粉、料酒、植物油、酱油、醋、盐各适量

做法

1. 海螺肉洗净，切片。胡萝卜洗净，切片。

2. 荷兰豆洗净，去老筋，切段，入沸水烫熟，捞出，装盘备用。

3. 油锅烧热，放入胡萝卜片、海螺肉、荷兰豆，烹入料酒，加酱油、醋、盐调味，用水淀粉勾芡，旺火爆炒翻匀，装盘即可。

原料 水发海参300克，猪肥瘦肉馅50克，冬笋片、杏鲍菇片各25克，泡辣椒段15克，抄手皮20片

调料 葱末、姜末、蒜末、荸荠末、胡椒粉、熟猪油、调和油、豆粉、高汤、料酒、醋、白糖、盐各适量

做法

1. 猪肉馅加荸荠末、盐、胡椒粉、料酒搅匀成馅，包成抄手。海参洗净，切片，用水氽透，沥干。

2. 锅入熟猪油烧热，下葱末、姜末、蒜末、泡辣椒段炒香，再下冬笋片、杏鲍菇片、海参片，用盐、料酒、白糖、醋调味，加高汤，煨入味，勾芡。

3. 锅入调和油烧热，下抄手炸透呈金黄色，捞起装盘，将煨好的海参连汁淋于抄手上即可。

响铃海参

烧肉海参

砂锅烧海参

原料 水发海参300克，带皮五花肉100克，青蒜50克

调料 葱段、老姜片、胡椒粉、料酒、酱油、水淀粉、清汤、白糖、盐各适量

做法

1. 水发海参洗净，放入沸水中氽水，捞出待用。

2. 带皮五花肉洗净，煮熟，切块，入油锅中过油。青蒜洗净，挽结。清汤、酱油、青蒜、葱段、老姜片、料酒、胡椒粉、盐、白糖放锅内烧沸，打去浮沫，用微火烧至发酥亮，去掉青蒜、老姜片、葱段，捞出放盘内垫底。

3. 将海参、五花肉块放入煮五花肉的原汁中烧入味，用水淀粉勾芡装盘即可。

原料 水发海参500克，洋葱100克

调料 葱段、香菜段、黄油、料酒、浓汤、蚝油、水淀粉、白糖、盐各适量

做法

1. 水发海参洗净，去肠子。

2. 洋葱洗净，切丝，放加热的砂锅内加黄油煸香。

3. 海参入沸水锅中氽水，捞出，控水。

4. 锅入黄油烧热，放入葱段，加料酒、浓汤、蚝油、白糖、盐，放入海参烧至入味，水淀粉勾芡，放入盛洋葱的砂锅内烧开，盖上盖，焖至香气四溢，撒上香菜段即可上桌食用。

酸辣海参

原料 海参50克，笋、火腿、冬菇各40克，鸡肉20克

调料 葱丝、姜丝、胡椒粉、黄酒、水淀粉、猪油、鸡汤、酱油、醋、白糖、盐各适量

做法

1. 海参发好，洗净，切成长宽条。
2. 将笋、火腿、鸡肉、冬菇洗净，切片。
3. 将海参用沸水汆烫片刻，捞出，沥干水分。
4. 锅入猪油烧热，下葱丝、姜丝炸出香味，捞出。
5. 将海参、笋片、火腿片、鸡肉片、冬菇片倒入锅内，调入黄酒、酱油、盐、白糖、醋、胡椒粉，加鸡汤，放入炸好的葱丝、姜丝，文火烧15分钟，勾芡，上碟即可。

双耳焖海参

原料 速冻即食海参400克，木耳、银耳各5克

调料 葱段、姜片、植物油、蚝油、高汤、盐各适量

做法

1. 海参解冻，洗净，汆水，切条。
2. 木耳、银耳用清水浸软，择洗干净，撕片。
3. 锅入油烧热，加入姜片、葱段爆香，加入海参、木耳、银耳炒匀。整锅连汁倒入小砂煲中，再加入适量盐、蚝油、高汤，盖上锅盖，焖至汁收即可。

红焖海参

原料 水发海参750克，黄瓜100克

调料 葱末、姜末、蒜末、水淀粉、绍酒、熟猪油、高汤、色拉油、白糖、盐各适量

做法

1. 水发海参洗净肚里泥沙。
2. 黄瓜洗净，切条。
3. 净锅置火上，加入高汤烧沸，放入水发海参、黄瓜条汆煮至入味，捞出沥水。
4. 净锅加入色拉油烧热，下入葱末、姜末、蒜末炒香，再烹入绍酒，倒入白糖、高汤，加入盐、水发海参、黄瓜条，转微火焖至酥烂，用水淀粉勾芡，淋入熟猪油，出锅装盘即可。

原料 水发海参500克，五花肉50克

调料 葱花、甜面酱、植物油、酱油、老汤、盐各适量

做法

1. 五花肉洗净，切末。

2. 水发海参洗净，加老汤腌渍入味。

3. 锅入油烧热，放入五花肉末炒香，加入葱花、甜面酱、酱油、盐炒出香味，放入海参，加老汤，文火煨约5分钟，再转旺火至酱汤浓稠，捞出海参装盘，浇淋上锅内酱汁即可。

肉酱煨海参

雪莲子海参

原料 海参30克，雪莲子5克，虫草花2克

调料 矿泉水、冰糖各适量

做法

1. 海参发好，洗净。

2. 雪莲子泡一夜，洗净。

3. 虫草花择洗干净。

4. 锅加矿泉水，加入择净的虫草花、雪莲子，加入冰糖，文火炖至汤汁浓稠，加入海参再炖5分钟即可。

肉末活海参

原料 活海参500克，猪肉100克，山药50克

调料 葱末、香菜粒、花生油、花椒油、料酒、清汤、水淀粉、老抽、白糖各适量

做法

1. 活海参开肚去沙肠，切粒。猪肉洗净，切粒。山药洗净，去皮，切粒。

2. 将改好刀的海参用白糖抓透，使咸味渗出，入90℃水中略烫，取出后用冰块冰镇。

3. 锅烧热油，加入猪肉末煸炒变色，加入葱末、料酒、老抽、山药粒，添少许清汤略烧，用白糖调味，水淀粉勾芡，加入香菜粒、花椒油，倒入海参快速翻炒，出锅即可。

鸡腿菇烧牛蛙 （蛙类）

原料 牛蛙100克，鸡腿菇150克，红辣椒10克

调料 葱段、姜末、胡椒粉、植物油、酱油、盐各适量

做法

1. 牛蛙去皮，斩大块，洗净，用酱油、胡椒粉腌渍片刻。
2. 鸡腿菇洗净，对切。红辣椒洗净，切片。
3. 锅入油烧热，放入处理好的牛蛙滑散、滑熟，捞出，沥油。
4. 锅入油烧热，放入葱段、姜末爆香，下入牛蛙、鸡腿菇、红辣椒片，再加入盐、酱油烧至入味，翻炒均匀，出锅即可。

家常牛蛙 （蛙类）

原料 净牛蛙500克，鲜嫩芹菜100克

调料 葱段、姜片、红辣椒末、植物油、料酒、香油、白糖、盐各适量

做法

1. 牛蛙洗净切成方的块。
2. 芹菜除去叶、老茎、根部，洗净，切成5厘米长的段。
3. 炒锅置旺火上，倒入植物油烧至八成热，放入葱段、红辣椒末、姜片爆出香味，倒入牛蛙煸炒，烹入料酒翻炒均匀，加入少量水，撒入盐、白糖，待牛蛙肉块炒至八成熟，倒入芹菜段翻炒均匀，烧至汤汁浓稠，淋上香油出锅即可。

水煮牛蛙 （蛙类）

原料 牛蛙500克，莴笋条、黄豆芽各100克

调料 香菜叶、香辣豆瓣、干辣椒段、花椒、鲜汤、植物油、料酒、酱油、盐各适量

做法

1. 牛蛙处理干净，用盐、料酒码味15分钟。
2. 莴笋条、黄豆芽洗净，用水煮5分钟，捞出，沥干水分，盛入深口盘。
3. 锅入油烧热，下香辣豆瓣翻炒，加鲜汤、酱油烧沸，下牛蛙煮3分钟，连汤盛入深口盘，铺干辣椒段、花椒。
4. 另起锅入植物油烧热，浇入盘中，撒上香菜叶即可。